畜禽屠宰操作规程实施指南系列丛书
CHUQIN TUZAI CAOZUO GUICHENG SHISHI ZHINAN

鸡屠宰操作指南

JI TUZAI CAOZUO ZHINAN

中国动物疫病预防控制中心
（农业农村部屠宰技术中心） ◎ 编

中国农业出版社
农村设物出版社
北　京

图书在版编目（CIP）数据

鸡屠宰操作指南 / 中国动物疫病预防控制中心（农业农村部屠宰技术中心）编．—北京：中国农业出版社，2019.11

（畜禽屠宰操作规程实施指南系列丛书）

ISBN 978-7-109-26242-3

Ⅰ.①鸡…　Ⅱ.①中…　Ⅲ.①鸡—屠宰加工—指南
Ⅳ.①TS251.4-62

中国版本图书馆 CIP 数据核字（2019）第 268746 号

中国农业出版社出版

地址：北京市朝阳区麦子店街 18 号楼

邮编：100125

责任编辑：刘　伟　冀　刚

版式设计：杜　然　　责任校对：周丽芳

印刷：北京万友印刷有限公司

版次：2019 年 11 月第 1 版

印次：2019 年 11 月北京第 1 次印刷

发行：新华书店北京发行所

开本：700mm×1000mm　1/16

印张：5.5　　插页：6

字数：280 千字

定价：48.00 元

丛书编委会

本书编委会

主　编： 高胜普　荣　佳

副主编： 张朝明　黄　萍

编　者（按姓名音序排列）：

鲍恩东　陈三民　高胜普　关婕葳
何业春　黄　萍　黄启震　黄强力
蒋爱民　蒋　义　李春保　李　鹏
刘登勇　刘龙海　刘振宇　马　冲
孟凡场　孟少华　荣　佳　单佳蕾
孙京新　孙石开　王海艳　王素珍
王维华　吴玉苹　徐幸莲　尤　华
张朝明　张　杰　张奎彪　张宁宁
张劭俣　张新玲　周光宏

审　稿（按姓名音序排列）：

高胜普　黄　萍　刘登勇　荣　佳
孙京新　王海艳　王虎虎　张朝明

序

畜禽屠宰标准是规范屠宰加工行为的技术基础，是保障肉品质量安全的重要依据。近年来，我国加强了畜禽屠宰标准化工作，陆续制修订了一系列畜禽屠宰操作规程领域国家标准和农业行业标准。为加强标准宣贯工作的指导，提高对标准的理解和执行能力，全国屠宰加工标准化技术委员会秘书处承担单位中国动物疫病预防控制中心（农业农村部屠宰技术中心）组织相关大专院校、科研机构、行业协会、屠宰企业等有关单位和专家编写了“畜禽屠宰操作规程实施指南系列丛书”。

本套丛书对照最新制修订的畜禽屠宰操作规程类国家标准或行业标准，采用图文并茂的方式，系统介绍了我国畜禽屠宰行业概况、相关法律法规标准以及畜禽屠宰相关基础知识，逐条逐款解读了标准内容，重点阐述了相关条款制修订的依据、执行要点等，详细描述了相应的实际操作要求，以便于畜禽屠宰企业更好地领会和实施标准内容，提高屠宰加工技术水平，保障肉品质量安全。

本套丛书包括生猪、牛、羊、鸡和兔等分册，是目前国内首套采用标准解读的方式，系统、直观描述畜禽屠宰操作的图书，可操作性和实用性强。本套丛书可作为畜禽屠宰企业实施标准化生产的参考资料，也可作为食品、兽医等有关专业科研教育人员的辅助材料，还可作为大众了解畜禽屠宰加工知识的科普读物。

前 言

改革开放以来，我国肉鸡产业取得了长足发展。目前，国内肉鸡养殖及屠宰加工企业已向集约化、规模化方向发展。但是，相对于国外发达国家同类企业而言，生产规模仍相对较小，肉鸡屠宰加工技术良莠不齐，行业集中度和技术规范性有待进一步提高。为进一步规范鸡屠宰操作，提升鸡屠宰产品品质，提高行业竞争力，我国将国家标准《肉鸡屠宰操作规程》（GB/T 19478—2004）修订为《畜禽屠宰操作规程　鸡》（GB/T 19478—2018），修订后的标准于 2018 年 12 月 28 日发布，已于 2019 年 7 月 1 日正式实施。

为便于广大鸡屠宰加工从业人员更好地学习、贯彻实施《畜禽屠宰操作规程　鸡》（GB/T 19478—2018），更好地指导生产，为消费者提供更多优质的产品，中国动物疫病预防控制中心（农业农村部屠宰技术中心）组织相关大专院校、科研机构、行业协会、屠宰企业等单位的专业人员编写了《鸡屠宰操作指南》一书。

本书对标准条文进行深入详细的解读，同时配上相应的示意图片，进行具体的操作描述，具有通俗易懂、可操作性强的特点。在体例上，前 2 章介绍了鸡产业现状及发展趋势、相关法律法规及标准、鸡解剖基础知识等。从第 3 章至第 7 章则对照标准的相应章节，逐条逐款地进行了深入细致的解读，阐述了相关条款制修订的依据、执行要点和实际操作等。第 8 章介绍了屠宰后的鸡胴体分割知识。本书可作为鸡屠宰企业实施标准化生产的培训资料，也可作为食品、兽医等相关专业科研教育人员的辅助材料，还可作为大众了解鸡屠宰加工的科普读物。

在本书编写过程中，成都市肉类协会、新希望六和股份有限公司及全国屠宰加工标准化技术委员会的专家委员为本书的出版给予了大量帮助与支持，在此表示衷心的感谢。

由于时间仓促，限于编者的水平和能力，书中难免有纰漏与不足之处，恳请读者批评指正。

编　者

2019年10月

目录

第 1 章

鸡产业现状及发展趋势

一、鸡肉生产和消费概况

1. 全球鸡肉生产和消费现状

据联合国粮食及农业组织数据显示，从 1978 年到 2017 年，全球肉鸡年出栏量从 162.15 亿羽增加到 666.67 亿羽。2013 年，全球肉鸡出栏量首次跨过 600 亿羽关口。

据美国农业部统计数据显示，2017 年，世界鸡肉产量共计 9 018 万 t，世界鸡肉消费量 8 921 万 t。从地区分布上看，世界前三大鸡肉生产和消费国家分别为美国、巴西和中国。2017 年，美国鸡肉生产量达 1 859.60 万 t，占全球鸡肉生产量的 20.62%；巴西鸡肉生产量 1 325.00 万 t，占全球鸡肉生产量的 14.69%；中国鸡肉生产量达 1 160.00 万 t，占全球鸡肉生产量的 12.86%。2017 年，美国、巴西和中国的鸡肉消费量分别为 1 866.70 万 t、1 325.20 万 t 和 1 205.00 万 t，分别占全球鸡肉总消费量的 20.92%、14.85%和 13.51%（图 1-1）。

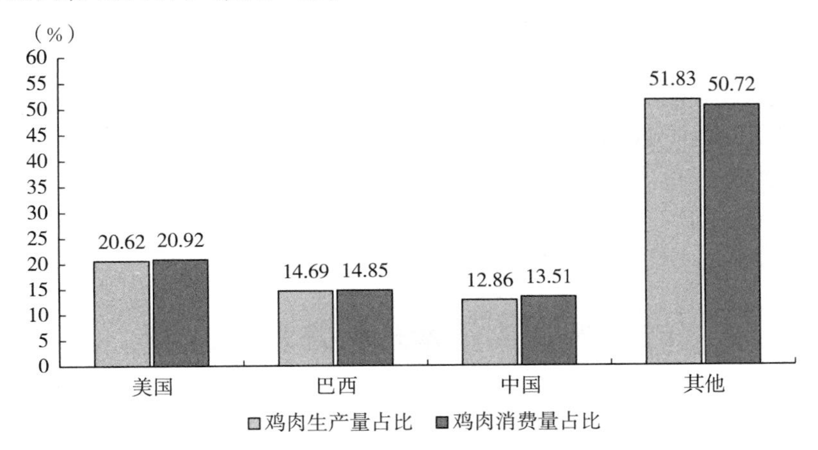

图 1-1　2017 年世界主要鸡肉生产国和消费国鸡肉占比

据2017年美国农业部和中商产业研究院公布的数据显示，中国人均鸡肉消费量每年约为10kg，与美国、巴西人均鸡肉消费量每年超过45kg相比存在较大差距。鸡肉在国内已成为仅次于猪肉的第二大消费肉类，肉鸡产业已经成为畜牧产业中产业化、规模化、标准化、市场化、国际化程度最高的产业，在经历了“禽流感”“速生鸡”等食品安全事件后，如今已经步入快速发展的轨道，在可预计的未来，我国的肉鸡行业将迎来新的发展阶段。

2. 国内肉鸡生产及消费现状

从肉鸡养殖来看，据联合国粮食及农业组织数据显示，从1978年到2017年，我国肉鸡出栏量从8.75亿羽增长到94.01亿羽，增长9.74倍，平均增长率为24.3%。随着育种技术的进步和生产水平的提升，我国肉鸡年均胴体重也出现了较大变化，从1978年的1 kg/羽的水平上升至2017年的1.367 6 kg/羽。

从终端消费来看，据国家统计局数据显示，我国禽肉消费量从2000年的1 200万t增加到2018年的2 000万t左右，占肉制品消费的比重从2000年的19.8%提升至2018年的23.4%。在我国，鸡肉与猪肉之间具有较强的替代关系。从历史经验来看，每当猪肉供给短缺时都伴随着鸡肉消费量的急剧拉升。2018年8月以来，国内发生非洲猪瘟疫情，猪肉供给受到较大影响，国内鸡肉消费市场景气度随之上升。根据农业农村部对全国50家重点批发市场的监测数据，2018年，畜禽产品交易量达1.94万t，较2017年增长14.77%，较2013年增长21.05%。

从市场供给来看，白羽肉种鸡产能处于近年来的低位。数据显示，2018年，祖代进口引种量约65万套，山东益生种畜禽股份有限公司繁育约23万套，国内祖代鸡更新量增加至约89万套，种源来自新西兰、波兰以及我国国内。从白羽肉鸡生长周期来看，从祖代引种到商品代出栏需经历祖代、父母代、商品代、出栏4个阶段，全程耗时接近15个月。在祖代引种数量处于较低水平下，2019—2020年两年白羽肉鸡的供给将偏于收缩。此外，虽然2018年下半年强制换羽开始逐步增多，但由于鸡种质量、禁养区划定、环保限养、散养户加速退出等因素，供应难以短期恢复，较难改变2019年鸡肉供给整体偏紧的局面。

二、鸡屠宰技术现状及发展趋势

1. 国外鸡屠宰技术现状

欧美发达国家在鸡屠宰技术与设备方面普遍先进，主要表现在：

（1）动物福利方面　科学合理的宰前管理和动物福利技术可以有效改善鸡肉肉质，改善鸡肉嫩度和风味。欧盟对肉鸡屠宰时的动物福利有具体要求。致昏、电刺激方面，发达国家普遍采用物理、化学等手段改善宰后鸡肉品质。例如，宰后采用高电流（125 mA）、低频（50 Hz）刺激以加速鸡肉嫩化，提高鸡肉品质。

（2）浸烫脱毛方面　鸡屠宰企业通常采用逆流式热水或者热水喷射的浸烫方式进行脱羽，可减少浸烫水造成的交叉污染。

（3）预冷技术方面　浸没式冷却和风冷对家禽产品的微生物控制具有不同的效果。欧盟、加拿大等发达国家和地区通常采用风冷却，该预冷方式既可以降低冷却水交叉污染，还可减少环境污染。

（4）剔骨分割方面　部分发达国家开始采用自动脱骨机，减少了人工分割带来的分割不均匀、规格不统一等问题的发生。

（5）屠宰设备方面　欧盟发达国家目前已将自动化、智能化、信息化的设备应用到肉鸡屠宰加工中。鸡屠宰加工中的致昏、烫毛、掏脏、冲淋、污染物检测等关键环节已部分实现了自动化和智能化操作。先进屠宰设备的应用，既节约了劳动力和成本，又减少了人为操作而可能造成的污染，有利于保障产品质量和安全。

2. 国内鸡屠宰技术现状及趋势

近年来，我国不断强化屠宰行业管理体制建设，鸡屠宰行业质量安全水平总体平稳、整体向好。目前，我国既有大型鸡屠宰企业，同时行业中“小、散、乱、差”的屠宰厂仍普遍存在，鸡屠宰行业的环境保护、动物防疫以及食品质量安全保障水平亟待进一步提升。

目前，国内大型鸡屠宰企业，通过采用新技术、新设备、新工艺，生产效率和质量安全已达到较高水平，基本实现了流水线操作；电致昏、浸烫脱毛、螺旋冷却等工艺已分别实现了由机械设备自动完成，但在挂鸡、刺杀放血、净膛、去头爪、分割、包装等环节依然需要大量的屠宰工人参与操作，一些先进的屠宰加工理念仍未形成。例如，肉鸡动物福利方面，屠宰企业还没有充分认识到宰前管理对鸡肉品质的重要性，实际操作中没有更好地实施动物福利要求；致昏、电刺激技术方面，电致昏或宰后电刺激方式各异，缺乏统一规范的操作；浸烫脱毛方面，大多数企业采用热水浸烫脱毛，虽然脱毛效果好、速度快，但容易带来后续分割不均匀、规格不统一等问题；预冷技术方面，主要采用两段式或三段式螺旋冷却，冷却效果良好，但存在造成交叉污染的问题；屠宰设备方面，规模以上屠宰企业以国内自主研发的屠宰设备为主，部分关键设备需要完全依赖进口，尚缺乏统一的屠宰设备标准。

当前，我国肉鸡产业正处于由分割鸡向深加工鸡转变的过程，加工技术落后、生产规模小和加工程度低的产品正逐步被淘汰，现代化的生产加工技术正逐步应用于鸡屠宰加工行业。今后，我国肉鸡产业体系将逐步健全，严格的肉鸡屠宰加工管理以及有效的监督体系将逐步建立。随着产业体系投入的增加、科研投入的加强、标准体系的完善，我国肉鸡屠宰与深加工技术必将取得长足进步与发展。

三、相关法律法规及标准

1. 法律法规

（1）《中华人民共和国食品安全法》 本法规定了食品、食品添加剂、食品相关产品与食用农产品的风险评估、安全标准、生产经营过程安全控制、食品检验、安全事故处置、监督管理与处罚等相关内容。本法第 2 条明确规定："供食用的源于农业的初级产品（以下称食用农产品）的质量安全管理，遵守《中华人民共和国农产品质量安全法》的规定。但是，食用农产品的市场销售、有关质量安全标准的制定、有关安全信息的公布和本法对农业投入品作出规定的，应当遵守本法的规定。"

（2）《中华人民共和国农产品质量安全法》 本法是为保障农产品质量安全、维护公众健康、促进农业和农村经济发展而制定的法律。本法所称农产品，是指来源于农业的初级产品，即在农业活动中获得的植物、动物、微生物及其产品。本法主要内容包括农产品质量安全标准、农产品产地要求、农产品生产过程控制、农产品包装标识、农产品监督检查、处罚等。在保证农产品安全生产的基础上，本法第 33 条规定，对于不符合要求的农产品禁止销售。

（3）《中华人民共和国动物防疫法》 本法旨在加强对动物防疫的管理，预防、控制和扑灭动物疫病，促进养殖业的发展，保护人体健康，维护公共卫生安全，适用于在中华人民共和国领域内的动物防疫及其监督管理活动。本法所规定的动物包括家畜家禽和人工饲养、合法捕获的其他动物，本法主要内容包括动物疫病的预防、动物疫情的报告通报公布、动物疫病的控制与扑灭、动物与动物产品的检疫、动物诊疗、监督管理、保障措施与法律责任等。

2. 规章及规范性文件

（1）《动物检疫管理办法》（农业部令 2010 年第 6 号） 根据《中华人

民共和国动物防疫法》规定制定本办法，旨在加强动物检疫活动管理，预防、控制和扑灭动物疫病，保障动物及动物产品安全。本办法规定动物卫生监督机构应当根据检疫工作需要，合理设置动物检疫申报点，并向社会公布动物检疫申报点、检疫范围和检疫对象。本办法于 2010 年 3 月 1 日起生效实施，2002 年 5 月 24 日农业部发布的《动物检疫管理办法》（农业部令 2002 年第 14 号）同时废止。

(2)《动物防疫条件审查办法》（农业部令 2010 年第 7 号）　旨在规范动物防疫条件审查，有效预防控制动物疫病，维护公共卫生安全。动物屠宰加工场所以及动物和动物产品无害化处理场所，应当符合本办法规定的动物防疫条件。本办法于 2010 年 5 月 1 日起生效实施，2002 年 5 月 24 日农业部发布的《动物防疫条件审核管理办法》（农业部令第 15 号）同时废止。

(3)《农产品包装和标识管理办法》（农业部令 2006 年第 70 号）　旨在规范农产品生产经营行为，加强农产品包装和标识管理，建立健全农产品可追溯制度，保障农产品质量安全。本办法于 2006 年 11 月 1 日起生效实施。

(4)《病死及病害动物无害化处理技术规范》（农医发〔2017〕25 号）为进一步规范病死及病害动物和相关动物产品无害化处理操作，防止动物疫病传播扩散，保障动物产品质量安全，根据《中华人民共和国动物防疫法》《生猪屠宰管理条例》《畜禽规模养殖污染防治条例》等有关法律法规，农业部组织制定了《病死及病害动物无害化处理技术规范》。农业部发布的动物检疫规程、相关动物疫病防治技术规范中，涉及对病死及病害动物和相关动物产品进行无害化处理的，按本规范执行。本规范主要内容包括无害化处理等术语和定义、病死及病害动物和相关动物产品的处理（焚烧法、化制法、高温法、深埋法、化学处理法等相关技术条件与要求）、收集转运要求（包装、暂存、转运技术条件与要求）、其他要求（人员防护与记录要求）等。

(5)《家禽屠宰检疫规程》（农医发〔2010〕27 号　附件 2）　为规范家禽的屠宰检疫，按照《中华人民共和国动物防疫法》《动物检疫管理办法》规定，农业部制定了《家禽屠宰检疫规程》。本规程规定了家禽的屠宰检疫申报、进入屠宰厂（点）监督查验、宰前检查、同步检疫、检疫结果处理以及检疫记录等操作程序。本规程适用于中华人民共和国境内鸡、鸭、鹅的屠宰检疫。检疫对象包括高致病性禽流感、新城疫、禽白血病、鸭瘟、禽痘、小鹅瘟、马立克氏病、鸡球虫病、禽结核病。

3. 屠宰标准

（1）管理控制标准

①《食品安全国家标准　食品生产通用卫生规范》（GB 14881—2013）。本标准规定了食品生产过程中原料采购、加工、包装、储存和运输等环节的场所、设施、人员的基本要求和管理准则。本标准适用于各类食品的生产，如确有必要制定某类食品生产的专项卫生规范，应当以本标准作为基础。

②《食品安全国家标准　畜禽屠宰加工卫生规范》（GB 12694—2016）。本标准规定了畜禽屠宰加工中的验收、屠宰、分割、包装、储存与运输等环节的场所、设施设备、卫生控制操作与人员的基本要求等。本标准适用于规模以上畜禽屠宰加工企业。

③《肉鸡屠宰质量管理规范》（NY/T 1174—2006）。本标准规定了肉鸡屠宰加工过程中的设备要求、卫生质量要求、检疫检验要求。本标准适用于肉鸡屠宰加工企业组织生产，进行质量管理水平评价。

④《禽肉及禽副产品流通分类与代码》（NY/T 3391—2018）。本标准规定了禽肉的分类原则及方法、代码结构、编码方法、分类与代码。本标准适用于禽肉生产、统计、采购、销售、出口、研发等环节。

⑤《家禽浸烫机》（NY/T 3370—2018）。本标准规定了家禽浸烫机的相关术语和定义、型号、技术要求、试验方法、检验规则及标志、包装、运输与储存要求。

⑥《家禽立式脱毛机》（NY/T 3371—2018）。本标准规定了家禽立式脱毛机的相关术语和定义、型号、技术要求、试验方法、检验规则及标志、包装、运输与储存的要求。本标准适用于禽类屠宰生产线中的家禽立式脱毛设备。

（2）产品质量

①《肉与肉制品术语》（GB/T 19480—2009）。本标准规定了肉与肉制品加工中常用的术语与定义。本标准适用于肉与肉制品的加工、贸易和管理。

②《鲜、冻禽产品》（GB 16869—2005）。本标准规定了鲜、冻禽产品的技术要求、检验办法、检验规则和标签、标志、包装、储存的要求。本标准中的部分内容于 2017 年 6 月 23 日被《食品安全国家标准　鲜（冻）畜、禽产品》代替（GB 2707—2016）。

③《鸡胴体分割》（GB/T 24864—2010）。本标准规定了原料及要求、分割环境要求、人员要求、屠宰工艺、分割、产品检验、储存、包装、标

志、运输。本标准适用于肉类加工企业对鸡胴体的分割。

④《食品安全国家标准　鲜（冻）畜、禽产品》（GB 2707—2016）。本标准适用于鲜（冻）畜、禽产品，不适用于即食生肉制品。本标准代替《鲜、冻禽产品》（GB 16869—2005）中的部分内容，《鲜、冻禽产品》（GB 16869—2005）中涉及本标准指标的，以本标准为准。

⑤《鸡肉质量分级》（NY/T 631—2002）。本标准规定了鸡肉、鸡肉质量等级、评定分级方法、检测方法、标识、包装、储存和运输。本标准适用于鸡肉生产、加工、营销企业产品质量分级。

（3）检疫检验

①《禽肉生产企业兽医卫生规范》（GB/T 22469—2008）。本标准规定了禽肉生产企业在屠宰、胴体分割、鲜肉储存和运输过程中所应遵守的兽医卫生标准。

②《畜禽屠宰卫生检疫规范》（NY 467—2001）。本标准规定了畜禽屠宰检疫的宰前检疫、宰后检疫及检疫检验后处理的技术要求。

第 2 章

鸡解剖基础知识

鸡的解剖学知识是鸡屠宰和分割操作的技术基础。了解并熟悉鸡的解剖学特点，才能对鸡胴体进行有效、精确的分割，提高分割效率和质量，避免不必要的损失。同时，更有效地控制和防范屠宰分割中出现的问题，提高鸡肉产品的质量和安全性。

1. 外形

根据鸡外形特征，一般可划分为头、脖、胸、腹、翅、尾、腿、爪等多个部位，如图 2－1 所示。

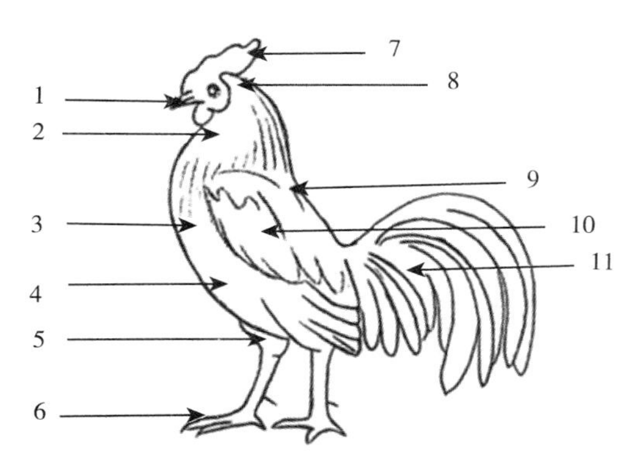

图 2－1 鸡外形

1. 喙 2. 脖 3. 胸 4. 腹 5. 腿 6. 爪 7. 冠 8. 头 9. 背 10. 翅 11. 尾

2. 骨骼与关节

鸡骨骼的特点是强度大，骨髓腔内空气代替红骨髓成为含气骨，具有形成坚硬支架、决定体形、附着肌肉、实现运动、保护内脏器官等功能；部分骨骼还具有造血，参与钙、磷代谢的功能。

鸡的骨骼，根据部位不同可分为躯干骨、头骨、前肢骨和后肢骨，如

图 2－2 所示。躯干骨包括椎骨、肋骨、胸骨。椎骨又分为颈椎、胸椎、腰椎、荐椎和尾椎。颈椎数目多，胸椎数目少。第 2～5 胸椎愈合，第 7 胸椎与综荐骨愈合。腰椎、荐椎以及一部分尾椎愈合成一整块，称腰荐骨或综荐骨。骨盆无骨盆联合，后部开放。尾椎骨有 5 块，可活动，最后一块呈三棱形，称综尾骨。肋骨分为椎肋骨和胸肋骨两部分，二者互相连接呈直角。除第 1 肋和末端的两三节肋骨外，均具有钩突。胸骨较发达。腹侧面沿中线有一片纵行的胸骨脊，称龙骨突。

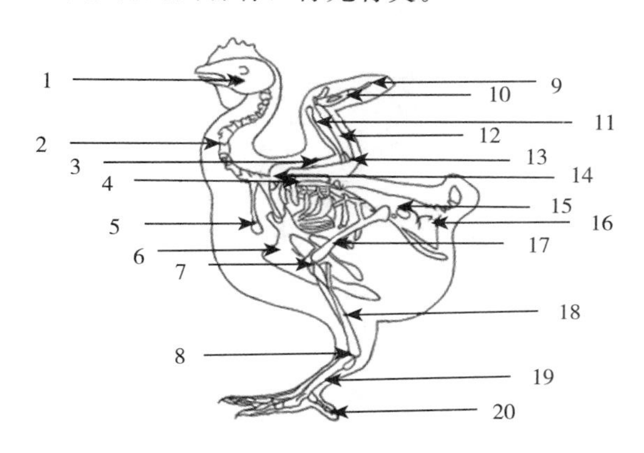

图 2－2　鸡主要骨骼和关节

1. 头骨　2. 颈骨　3. 肱骨　4. 肩胛骨　5. 叉骨　6. 胸骨　7. 膝关节　8. 跗关节
9. 指骨　10. 掌骨　11. 桡骨　12. 尺骨　13. 肘关节　14. 肩关节　15. 髋关节
16. 髋骨　17. 股骨　18. 胫骨　19. 跖骨　20. 趾骨

头骨分为颅骨和面骨。颅骨愈合成一整块，为含气骨；面骨主要形成喙，颌前骨构成上喙的大部分，上颌骨构成上喙的后下部。下喙由下颌骨组成，下颌运动受方骨的控制。

前肢骨分为肩带骨和翼骨。肩带骨又分为肩胛骨、乌喙骨、锁骨。其中，锁骨愈合成 V 形，又称叉骨；翼骨由肱骨、桡骨、腕骨、掌骨、指骨构成。肱骨为含气骨。

后肢骨分为髋骨和腿骨。髋骨分为坐骨、耻骨；腿骨分为股骨、腓骨、胫骨、跖骨、胫跗骨、跗跖骨和趾骨。

3. 肌肉

鸡的肌肉主要由白肌纤维、红肌纤维和中间型纤维构成。肌肉可分为骨骼肌、平滑肌、心肌 3 种类型。骨骼肌由成束状排列的肌细胞构成，有明显横纹，故称横纹肌，其收缩受意识支配，故又称“随意肌”。骨骼肌是形成鸡肉产品的主要类型。平滑肌是非横纹肌的肌肉组织，平滑肌细胞呈梭形，长度可变性很大，受自主神经支配，为“不随意肌”，主要存在于内脏。心肌仅存在于心脏中，是由心肌细胞构成的一种肌肉组织，心肌细胞与骨骼肌的结构基本相似，也有横纹。鸡的主要骨骼肌根据所处部位不同，大体可分为斜方肌、背阔肌、胸肌、股二头肌、腓肠肌、半腱肌等，细致划分如图 2－3 所示。

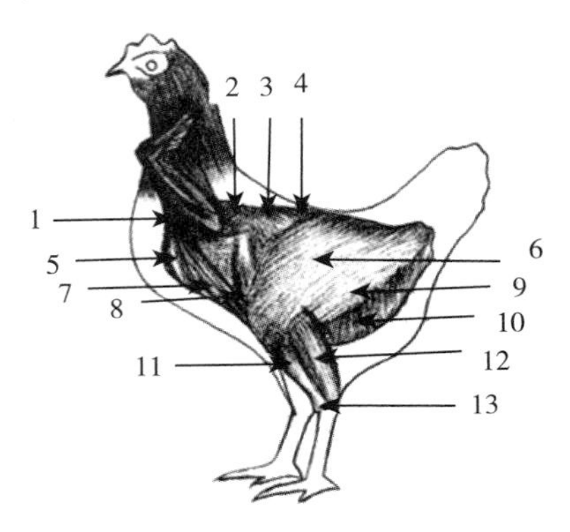

图 2－3 鸡主要肌肉

1. 翼游离部肌肉 2. 斜方肌 3. 背阔肌 4. 股阔筋膜张肌 5. 嗉囊 6. 股二头肌 7. 胸肌 8. 下锯肌 9. 半腱肌 10. 腹外斜肌 11. 腓骨长肌 12. 腓肠肌 13. 趾深屈肌

4. 消化系统

鸡的消化系统由消化道和消化腺组成。消化道组成为喙、口腔、咽、食管、嗉囊、胃（肌胃和腺胃）、十二指肠、空肠、回肠、盲肠、直肠、泄殖腔和肛门。消化腺由唾液腺、胰腺和胆囊组成。消化系统的特点为无唇、无牙齿、无软腭，有嗉囊和肌胃，无结肠而有两条盲肠，如图 2－4 所示。

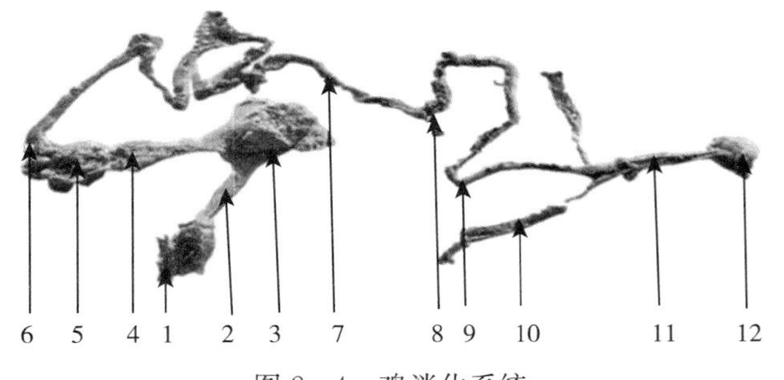

图 2－4 鸡消化系统

1. 口腔 2. 食管 3. 嗉囊 4. 腺胃 5. 肌胃 6. 十二指肠 7. 空肠 8. 卵黄囊憩室 9. 回肠 10. 盲肠 11. 直肠 12. 泄殖腔

口腔咽：由于鸡没有软腭，口腔和咽腔没有明显的界线，合称为口腔咽。

食管：上起于咽后食管口，位于气管背侧，与气管一起转向颈部右侧后下行，是由平滑肌构成的一条长管，壁薄且腔宽，弹性大，易扩张，黏膜分泌黏液，有利于较大的和未经咀嚼的食物通过。

嗉囊：食管在胸前偏右侧形成椭圆形膨大的嗉囊，其作用主要为储存食物，并借助黏液的作用浸泡软化食物，进行初步消化。

胃：分为肌胃和腺胃。肌胃外壁为强大的肌肉层，内壁为坚硬的革质层（鸡内金），腔内有鸡不断啄食的沙砾，在肌肉的作用下，革质壁与沙砾一起将食物磨碎；腺胃壁内富有腺体，可分泌一种强酸性黏液和消化液。

肠：鸡的直肠和盲肠具有吸水作用，并能与细菌一起消化粗糙的植物纤维。

泄殖腔：鸡的排粪、排尿和生殖为一个腔，称为泄殖腔。

第 3 章

术语和定义

一、鸡屠体

【标准原文】

3.1

鸡屠体　chicken body

宰杀沥血后的鸡体。

【内容解读】

本条款定义了鸡屠体的概念。

经宰杀、沥血后，带头、爪，内脏尚未掏出的躯体为鸡屠体（图 3－1）。

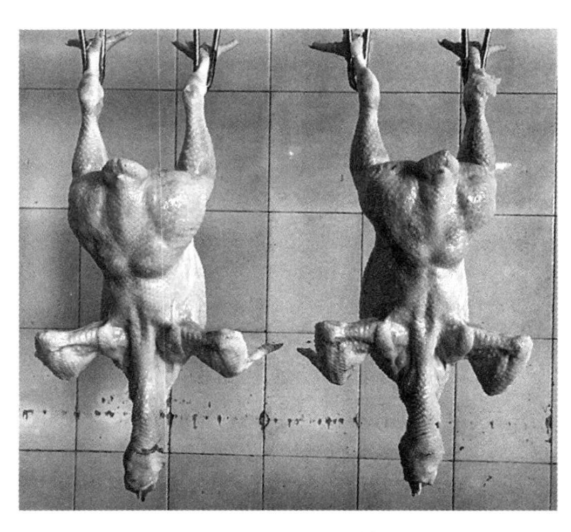

图 3－1　鸡屠体

二、鸡 胴 体

【标准原文】

3.2

鸡胴体 chicken carcass

宰杀沥血后，去除内脏，去除或不去除头、爪的鸡体。

【内容解读】

本条款定义了鸡胴体的概念。

1. 胴体的含义

经宰杀、沥血后，去内脏、去头、去爪，根据工艺需求也可不去头、不去爪的鸡体为鸡胴体（图 3－2）。

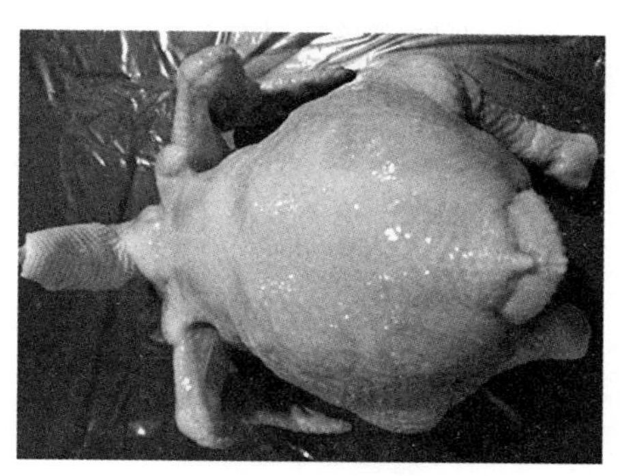

图 3－2 鸡胴体

2. 胴体与屠体的区别

屠体和胴体主要区别在于是否掏出内脏，一般将宰杀、沥血后至掏出内脏前的鸡体称为屠体；经进一步加工处理，去掉内脏后的鸡体称为胴体。

三、同步检验

【标准原文】

3.3

同步检验 synchronous inspection

与屠宰操作相对应，将畜禽的头、蹄（爪）、内脏与胴体生产线同步运行，由检验人员对照检验和综合判断的一种检验方法。

【内容解读】

本条款定义了同步检验的概念。

1. 同步检验的含义

同步检验是在屠宰加工过程中，使内脏、头、爪等与胴体统一编号，同步随屠宰线向前输送的检验程序宜使用同步检验装置实现。

2. 同步检验的要求

胴体和内脏、头、爪等在同步检验线上一一对应、同步运行，将内脏和胴体情况综合分析，帮助检验人员正确判断和处理，以便及时隔离和进一步处理。《畜禽屠宰卫生检疫规范》（NY 467—2001）3.3 条款对同步检验的定义为："在轨道运行中，对同畜禽的胴体、内脏、头、蹄，甚至皮张等实行的同时、等速、对照的集中检验。"

第 4 章

宰 前 要 求

一、待宰活鸡要求

【标准原文】

4.1 待宰鸡应健康良好，并附有产地动物卫生监督机构出具的《动物检疫合格证明》。

【内容解读】

本条款规定了待宰鸡健康及检疫要求。

1. 待宰鸡健康要求

待宰鸡应健康良好，精神活泼，听觉灵敏，眼睛、鼻孔及肛门周围清洁，无分泌物污染，羽毛顺滑、有光泽，行动敏捷，步态协调稳健。检验过程中，应剔除不健康的鸡只，以免进入流水线，带来潜在风险。

《食品安全国家标准 畜禽屠宰加工卫生规范》(GB 12694—2016) 6.2.2 条款规定：“供宰畜禽应按国家相关法律法规、标准和规程进行宰前检查。应按照有关程序，对入场畜禽进行临床健康检查，观察活畜禽的外表，如畜禽的行为、体态、身体状况、体表、排泄物及气味等。对有异常情况的畜禽应隔离观察，测量体温，并做进一步检查。必要时，按照要求抽样进行实验室检测。”

2. 验收要求

动物检疫合格证明应由产地动物卫生监督机构出具并随车携带，避免病鸡进入屠宰厂，保证原料健康。同时，应注意避免运输过程可能造成的交叉污染，导致疫病的传播。

《中华人民共和国动物防疫法》第 42 条规定：“屠宰、出售或者运输动物以及出售或者运输动物产品前，货主应当按照国务院兽医主管部门的规定向当地动物卫生监督机构申报检疫。”当鸡出厂离开饲养地运输和屠宰时，应分别实施产地检疫和屠宰检疫。第43条规定：“屠宰、经营、运输以及参加展览、演出和比赛的动物，应当附有检疫证明。”因此，屠宰厂屠宰的鸡应当附有产地检疫证明，屠宰未经检疫的鸡属于违法行为。因此，鸡入厂验收时，应当查验相应的动物检疫合格证明，未附有动物检疫合格证明的，不得入厂。

其他标准也规定了相关检疫要求。《食品安全国家标准　畜禽屠宰加工卫生规范》（GB 12694—2016）6.2.1条款规定：“供宰畜禽应附有动物检疫证明，并佩戴符合要求的畜禽标识。”《家禽屠宰检疫规程》（农医发〔2010〕27号　附件2）5.1条款规定：“查验入场（厂、点）家禽的动物检疫合格证明。”《畜禽屠宰卫生检疫规范》（NY 467—2001）4.1.1条款规定：“首先查验法定的动物产地检疫证明或出县境动物及动物产品运载工具消毒证明及运输检疫证明，以及其他所必须的检疫证明，待宰动物应来自非疫区，且健康良好。”《禽肉生产企业兽医卫生规范》（GB/T 22469—2008）8.1款规定：“屠宰场的官方兽医应检查入屠宰场家禽的产地检疫证明；缺乏该证明时，应禁止进入屠宰场。”

【实际操作】

1. 查证

待宰鸡进屠宰厂后，在卸车前索取待宰鸡养殖地动物卫生监督机构出具的动物检疫合格证明，经临床观察未见异常、证物相符的，准予卸车（图4－1）。

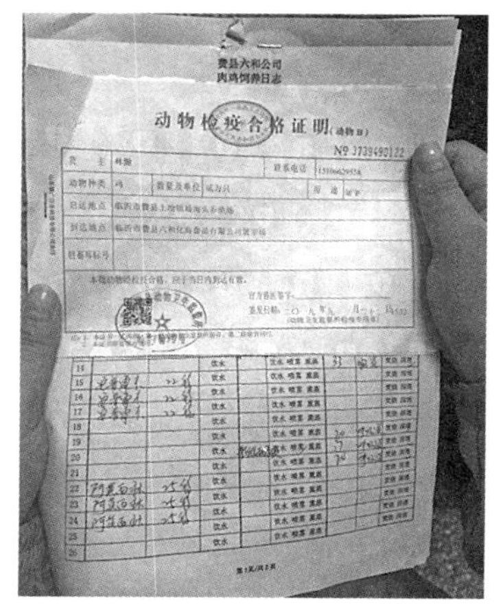

图4－1　查证

2. 验物

鸡屠宰企业应当建立入场查验制度，落实专人实施入场查验，清点数量，检查标识，观察鸡只健康状况。对于附有产地检疫证明、证物相符、数量相符的，准予入厂。未附有产地检疫证明的，不能入厂。运输过程中发现死亡的、有传染病或疑似传染病的、来源不明或证明不全的，不得屠宰。

二、静养要求

【标准原文】

4.2　鸡宰前应停饲静养，禁食时间应控制在6h～12h，保证饮水。

【内容解读】

本条款规定了待宰鸡进屠宰厂后的停饲静养要求。

1. 停饲静养

待宰鸡屠宰前应停饲静养，既有利于排出消化道内容物，又可以减少长途运输引起的应激反应，最大限度地保证肉品质量。《食品安全国家标准　畜禽屠宰加工卫生规范》（GB 12694—2016）6.2.4条款规定："畜禽临宰前应停食静养。"因此，本标准对鸡宰前停饲静养作了规定。

2. 静养时间

待宰鸡屠宰前禁食应控制在6h～12h。研究表明，禁食6h～12h可以使鸡排空嗉囊和肠道的内容物，避免在屠宰过程中造成交叉污染，影响产品质量。禁食时间过短，嗉囊和肠道内容物排空效果不好；禁食超过12h，易使肌肉的保水性下降，影响胴体产量。

【实际操作】

根据运输时间，合理控制待宰鸡的停饲时间，确保待宰鸡在屠宰前停饲6h～12h，注意停饲期间保证饮水。

在实际生产中，考虑到待宰鸡运输时间，至少要保证待宰鸡到达屠宰厂后在待宰棚静养1h～2h。

第5章 屠宰操作程序及要求

一、挂　　鸡

【标准原文】

5.1.1 轻抓轻挂，将符合要求的鸡，双爪吊挂在适宜的挂钩上。

5.1.2 死鸡不应上挂，应放于专用容器中。

5.1.3 从上挂后到致昏前宜增加使鸡安静的装置。

【内容解读】

本条款规定了鸡屠宰时挂鸡的操作要求。

1. 挂鸡

挂鸡时，应轻轻且迅速地将鸡从笼具中取出挂在链条挂钩上。挂鸡处尽量保持较暗光线，地面掉落的鸡只应及时双手捧起放入笼内。操作时，防止因挂鸡失误造成待宰鸡伤残，影响肉品品质。《肉用仔鸡加工技术规程》（NY/T 330—1997）4.2.1.1条款规定：“轻抓轻挂，防止机械损伤，将双腿同时挂在挂钩上。”

2. 死鸡处理

挂鸡过程中，应及时挑拣出笼内的死、残鸡，放入专用废弃桶内，防止病死鸡或死因不明鸡只进入屠宰生产线，带来食品安全隐患。《禽肉生产企业兽医卫生规范》（GB/T 22469—2008）9.1条款规定：“只有活禽才可进入屠宰线，应在电击后立即屠宰。”

3. 安静装置

挂鸡后到电致昏前应增加使鸡安静的装置，如抚胸板，可以有效减少鸡体挣扎，使鸡相对保持安静状态。以免造成屠宰产品淤血及增加残次品

率，影响产品品质及生产效益。

【实际操作】

1. 挂鸡

(1) 卸车　将鸡笼从车上卸下（图 5－1）。卸鸡笼时，应轻搬轻放，避免野蛮装卸，杜绝错槽翻笼伤及鸡只。有条件的，可使用升降平台来降低人工操作强度。

图 5－1　人工卸车

(2) 挂鸡　挂鸡人员抓住鸡的跗关节，按住鸡翅，将鸡从鸡笼中掏出，使鸡头向下，胸腹向前，鸡背朝向自己。然后，双手各握鸡爪的下半部，大拇指压住跗关节，平稳地将鸡爪挂在吊钩两边的钩槽内（图 5－2、彩图 1）。挂鸡时，每只吊钩只能挂一只鸡爪，不允许出现挂鸡单爪的现象。

图 5－2　挂鸡

挂鸡处应尽量保持较暗光线，一般只用“黑灯光”或暗红色的灯照明，这样有助于活鸡镇静，减少挣扎。地面掉落的鸡只应及时收集上挂。

(3) 空笼处理　挂完鸡后的空笼，可由传送带传入刷笼机自动清洗消毒（图 5－3）；卸车后，对空车进行清洗消毒，清洗消毒合格后再进行码笼（图 5－4）。

图 5－3　鸡笼清洗消毒

图 5－4　码笼

2. 死鸡处理

屠宰厂在挂鸡区域应配备死鸡收集的专用容器，该容器应有醒目的标志，可通过形状、颜色区分或在容器上添加显著标识。设置专门场所放置死鸡收集容器，并有醒目标记。不同用途的容器不得混用。

3. 安静装置

从挂鸡台到致昏前安装一定距离的高为 35 cm～45 cm 的按摩板（棒），使待宰鸡通过时被轻轻摩擦，减少拍打、挣扎等情况，使鸡只更安静平稳地到达致昏装置。

二、致　　昏

【标准原文】

5. 2. 1　应采用气体致昏或电致昏的方法，使鸡在宰杀、沥血直到死

亡处于无意识状态。

5.2.2　采用水浴电致昏时应根据鸡品种和规格适当调整水面的高度和电参数，保持良好的电接触。

5.2.3　采用气体致昏时，应合理设计气体种类、浓度和致昏时间。

5.2.4　致昏设备的控制参数应适时监控并保存相关记录。

5.2.5　致昏区域的光照强度应弱化，保持鸡的安静。

【内容解读】

本条款规定了鸡屠宰时致昏的要求。

1. 致昏方法

宰前致昏是减少鸡屠宰过程中痛苦的有效办法，可降低鸡剧烈挣扎，有效减少应激反应，进而减少胴体损伤，提高宰后的肌肉品质。目前，致昏方式主要有两种：电致昏和气体致昏。

（1）电致昏　水浴电致昏具有应用方便、经济、维护成本低、设备所需空间小等一系列的优点，是目前鸡屠宰行业中应用最为广泛的电致昏方法，可减少鸡胴体的损伤，降低残次品率，保证肉品品质。影响水浴电致昏效果的因素很多，包括致昏电压（电流）、频率、鸡只大小、设备电阻、电致昏时间及电流波形等（图 5－5、彩图 2）。

图 5－5　电致昏

（2）气体致昏　致昏气体一般选用二氧化碳。气体致昏的优点是可减少胴体损伤，降低宰前应激，提高动物福利。缺点是一次性投入成本高、操作空间大、运行成本高、致昏所需时间较长（一般 19 s～50 s）、工作效率较低。

2. 致昏设备参数

目前，国内鸡屠宰厂采用的电致昏参数各不相同。根据应用电压和频率的不同，电致昏可以分为高压低频致昏和低压高频致昏。高压低频方式的电压以 30 V～80 V、频率 50 Hz 为多；低压高频方式的电压以 8 V～12 V、频率为 500 Hz～800 Hz 为多，时间多为 6 s～9 s。

电压（电流）是影响致昏效果最主要的因素。当电阻固定时，电压越高，电流强度越大，致昏后鸡只昏迷程度会越深，昏迷时间也会越长。如果电压过低，电流强度过小，则鸡只不能被充分致昏，会导致鸡只在致昏后宰杀前或放血的过程中苏醒，由于电流的刺激引起强烈地扑打翅膀，影响宰杀放血。但如果电压过高，产生的电流过大，则会引起鸡只因心脏停止跳动而死亡，对宰杀后放血也不利。

随着致昏电压（电流）的升高，致昏后鸡只昏迷时间延长，鸡只胴体淤血面积加大，且会造成心室颤动，致使肉鸡宰后放血不充分，还会使肉鸡致昏死亡率上升。不适当的电致昏参数会加重肉鸡应激程度和宰后胴体损伤，影响宰后肌肉能量代谢，进而影响宰后肌肉中酶的活性、蛋白质的变性程度和细胞骨架蛋白的降解，最终影响宰后鸡肉的品质。

3. 致昏光照强度

光线强度低，能够使鸡只安静，减少鸡只挣扎，防止挣扎导致的产品出现淤血等现象，影响肉品品质。根据屠宰企业调查数据，有 78%的鸡屠宰企业没有采用暗室挂鸡，约 49%的鸡屠宰企业未采用暗室放血。这种状况亟待改变。

4. 有效致昏的表现

鸡被致昏后，立刻进入僵直阶段，表现为头部柔软、颈部拱起、腿部伸展、翅膀贴近身体轻微颤动。随后，肌肉完全放松。接着，进入抽搐阶段，表现很微弱，腿部会轻微踢蹬，翅膀会小幅度颤动。

【实际操作】

水浴电致昏时，根据链速确定致昏槽的长度，保证电致昏时间控制在 6 s～9 s，通过每只鸡的电流强度至少达到 120 mA。建议使用高频低压（500 Hz～800 Hz、8 V～12 V）方式致昏。若电致昏槽内水的导电性较差，可以通过适当添加食盐增加导电性，食盐浓度控制在 0.08%～0.12%的范围内。电致昏槽上方的链条轨道须带弧度，确保体重不一致的

肉鸡头部均能有效接触而被电致昏。注意，在电致昏槽中，鸡头离电极条的垂直距离为 5 cm，电极的长度与水池的长度相等，设计时一般使用电极板或多个电极条。

三、宰杀、沥血

【标准原文】

5.3.1　鸡致昏后，应立即宰杀，割断颈动脉和颈静脉，保证有效沥血。

5.3.2　沥血时间为 3 min～5 min。

5.3.3　不应有活鸡进入烫毛设备。

【内容解读】

本条款规定了活鸡宰杀、沥血的要求。

1. 宰杀

通常，鸡致昏后应在 5 s 内实施宰杀放血，使鸡尽快死亡，避免鸡只苏醒挣扎产生残次品。宰杀时，一同割断颈动脉和颈静脉，可快速达到放血的目的。

2. 沥血时间

屠体的沥血程度是评价肉品卫生质量的重要指标，沥血时间 3 min～5 min，可保证鸡体内血液基本流尽。

3. 检查

避免未致死的鸡只进入烫毛设备，既符合动物福利要求，防止清醒待宰鸡在烫毛设备中挣扎，也可避免挣扎引起肉品品质下降。

【实际操作】

宰杀人员左手握住鸡头，右手执刀，于下颌骨处颈部单侧距耳后 1 cm～1.5 cm 处下刀，割断鸡颈血管等（图 5－6、彩图 3），或采用自动宰杀机放血。注意宰杀工具应及时消毒。宰杀后，吊挂沥血 3 min～5 min（图 5－7、彩图 4）。定期随机抽取宰杀后的鸡只检查宰杀效果，避免未致死的鸡进入烫毛设备。

图 5-6 人工宰杀

图 5-7 沥血

四、烫毛、脱毛

【标准原文】

5.4.1 烫毛、脱毛设备应与生产能力相适应，根据季节和鸡品种的不同，调整工艺和设备参数。

5.4.2 浸烫水温宜为 58℃～62℃，浸烫时间宜为 1 min～2 min。

5.4.3 浸烫时水量应充足，并持续补水。

5.4.4 脱毛后应将屠体冲洗干净。

5.4.5 脱毛后不应残留余毛、浮皮和黄皮。

【内容解读】

本条款规定了鸡屠宰烫毛、脱毛过程的操作要求。

1. 烫脱设备

季节不同，鸡的羽毛密实度和绒毛量不一样，烫毛时，相应的水温也要进行调整；不同品种的鸡体重、部位长度和比例不同，相应的高度等参数也需要进行调整。以便保证烫脱效果，利于打毛效果更好，也可避免影响产品的感官品质。

2. 浸烫水温、时间

合理的浸烫温度利于脱毛效果，避免因温度过低导致浸烫效果不佳而影响打毛效果，或温度过高导致胸部肌肉发白（俗称“大胸烫白”，检查时，用单手食指或拇指自鸡体胸软骨处向下将鸡皮撕开，可见鸡胸部鸡肉颜色发白，出现皱纹），影响肉品品质和感官指标。《肉用仔鸡加工技术规程》（NY/T 330—1997）4.2.3 条款规定：“浸烫水保持清洁卫生，采用流动水，水池设有控温设施，水温为 60℃±1℃”“浸烫时间可自行规定，

以胸肉不熟烫为宜。”《肉鸡屠宰质量管理规范》（NY/T 1174—2006）6.3.2.2 条款规定：“浸烫水温宜保持在 60℃±2℃，浸烫时间宜控制在 60 s～80 s。”根据目前鸡屠宰行业加工现状，本标准推荐浸烫水温宜为 58℃～62℃，浸烫时间宜为 1 min～2 min。

3. 烫锅水量

充足的烫锅水量，能确保鸡屠体浸烫时与水充分接触，保证鸡只完全浸没在水中及浸烫效果。

4. 屠体冲洗

脱毛后对鸡屠体进行冲洗，可以有效避免鸡毛、粪污、黄皮等进入下道工序，减少潜在的生物、异物风险。

5. 脱毛检查

将脱毛机、屠体上未冲洗干净的残毛、浮皮和黄皮通过人工摘下，避免进入下道工序。《肉鸡屠宰质量管理规范》（NY/T 1174—2006）6.3.2.8 条款规定：“脱毛后应有专门的人员去除鸡体表的残毛、黄皮、脚皮和趾壳等。”

【实际操作】

1. 检查设备

浸烫脱毛前，设备操作工完成班前检查，确保设备正常运转和符合卫生要求，向烫锅内加水至链条挂钩底部。然后通入蒸汽，打开风泵和翻水器。每天生产结束后，注意检查烫锅内是否有残留的鸡只。

2. 设置参数

生产中，夏、秋两季天气较热，鸡毛松散，毛细孔张开，容易浸烫，水温一般控制在 59℃～61℃；春、冬两季天气较冷，鸡毛密实，不易浸透，水温调整的相对高些，一般控制在 60℃～63℃。经验表明，需根据烫锅内水的清澈程度，对水温进行调整。前期烫锅内水清澈，水温可设置为稍偏下限；随着烫锅内水变浑浊，水温设置逐渐稍偏上限（图 5-8、彩图 5）。

根据工艺需要，也可设置烫头池，其温度为 70℃±1℃，烫头池长度 1 m～1.5 m。

图 5-8　浸烫

3. 烫锅水量

在浸烫过程中，烫锅水位应保持稳定，水位以完全浸没鸡体为宜。另外，应定时检查，缺水后及时补水。

4. 屠体冲洗

脱毛后对屠体进行冲洗，避免鸡毛、粪污、黄皮等进入下道工序，造成潜在的生物、异物风险。

5. 脱毛

脱毛工序包括粗脱、精脱和脱残毛 3 个步骤（图 5-9、彩图 6）。

图 5-9　脱毛

（1）粗脱　鸡只经浸烫后，先进行粗脱（粗打脱毛）。一般情况下，粗打脱毛使用 1 台～2 台立式脱毛机，分左右两侧，每侧有上、下 2 组调节阀以及电机 2 个。脱毛机操作工根据链条速度、鸡只大小、断翅断爪比例、脱毛效果及时调节脱毛机运行参数。注意，每天生产结束后，应维护 1 次脱毛机，更换损坏的胶棒。

（2）精脱　经过粗打脱毛后，进行精打脱毛。一般情况下，精脱使用 2 台立式脱毛机，分左右两侧，每侧有上、中、下 3 组调节阀以及电机 3 个。脱毛机操作工根据链条速度、鸡只大小、断翅断爪比例、脱毛效果及时调节脱毛机运行参数。

（3）脱残毛　净毛人员去除鸡体残留的硬杆羽毛和黄皮。

五、去头、去爪

【标准原文】

5.5.1　需要去头、去爪时，可采用手工或机械的方法去除。

5.5.2　去爪时应避免损伤跗关节的骨节。

【内容解读】

本条款规定了鸡脱毛后去头、去爪的操作要求。

根据加工产品的要求，可以选择将头、爪去掉。分割加工的鸡需要在脱毛后去头和爪，不分割的中装鸡（俗称“白条鸡”，带头带爪）一般不去头和爪。目前，我国 6 000 只/h 以上产能的生产线多数采用机械方法去除鸡头和鸡爪。

去爪时应保持鸡爪的完整性，不要损伤鸡爪的关节，以保证产品品质要求。

【实际操作】

1. 去头

根据鸡只大小调节去头设备参数，确保鸡头去除时完整无破损，断面平整。人工去头时，紧贴第 1 颈椎位置切下鸡头，要求鸡头保持完整、无破损（图 5-10、彩图 7）。

图 5-10　去头

2. 去爪

先通过鸡爪预切机进行预切，再通过切爪转挂机切下鸡爪，并将鸡屠体自动转挂到掏膛线上。注意，应根据鸡只大小调整切爪机的位置，从跗关节间隙下刀，切爪部位准确，不得损坏胴体和鸡爪。人工去爪时，沿胫骨与跖骨关节连接处切下鸡爪，要求鸡爪保持完整、无破损（图 5-11、彩图 8）。

图 5-11　去爪

六、去嗉囊、去内脏

【标准原文】

5.6.1 去嗉囊：切开嗉囊处的表皮，将嗉囊拉出并去除；采用自动设备时，宜拉出嗉囊待掏膛时去除。

5.6.2 切肛：采用人工或机械方法，用刀具从肛门周围伸入，刀口长约 3 cm，切下肛门。不应切断肠管。

5.6.3 开膛：采用人工或机械方法，用刀具从肛门切孔处切开腹皮 3 cm～5 cm。不应超过胸骨，不应划破内脏。

5.6.4 掏膛：采用人工或机械方法，从开膛口处伸入腹腔，将心、肝、肠、胗、食管等拉出，避免脏器或肠道破损污染胴体。

5.6.5 清洗消毒：工具应定时清洗消毒，与胴体接触的机械装置应每次进行冲洗。

【内容解读】

本条款规定了去嗉囊、去内脏的操作要求。

去嗉囊是切开嗉囊处的表皮，将嗉囊拉出并去除的过程。操作时，应注意破嗉率，避免破嗉污染产品，导致微生物滋生，影响食品安全。

切肛是人工或者机械将鸡肛切掉。操作时，注意不得割伤鸡腿、肋骨及内脏，防止鸡肠破损造成潜在微生物滋生。

开膛、掏膛分人工和机械两种方式。

人工开膛、掏膛时，一只手扶住翅根并保持鸡体平稳；另一只手持钩沿鸡背伸向体腔顶部，然后一次性把心、肝、胗、肠、板油等掏出，使鸡内脏自然下垂，破肠污染率越低越好。机器开膛、掏膛时，根据厂家设备及其功能要求执行，注意降低内脏破损率。

上述操作中使用的工具应按照清洗消毒程序进行清洗消毒，避免交叉污染，确保胴体微生物污染程度降到最低，保证产品品质。

【实际操作】

1. 去嗉囊

人工去嗉囊时，一只手捏住右翅上方的鸡脖皮，向外拉伸；另一只手持刀在鸡嗉囊上方 4 cm～5 cm 处下刀，割至完全露出嗉囊，然后把嗉囊掏出，使嗉囊脱离脖皮（图 5－12、彩图 9）。

2. 切肛

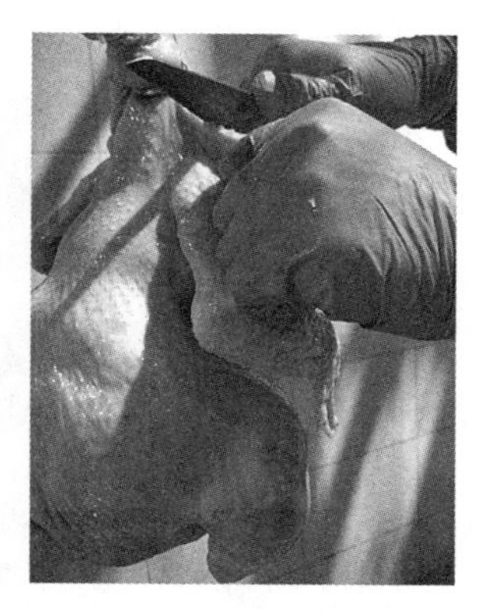
图 5－12　去嗉囊

人工切肛时，一只手抓住鸡腿，另一只手持刀在鸡肛上边缘处，深入 2 cm～3 cm 后沿鸡肛上边缘，向右划约 5 cm，再从第 1 刀入刀处向左划约 5 cm，把法氏囊割下，开肛后鸡肛自然下垂，刀口呈向外凸的八字弧形（图 5－13）。应注意，如果开口过小，则掏不出内脏；如果开口过大，则易割破肠或割伤腿肉。有条件的，可使用机器设备自动进行切肛（图 5－14、彩图 10）。

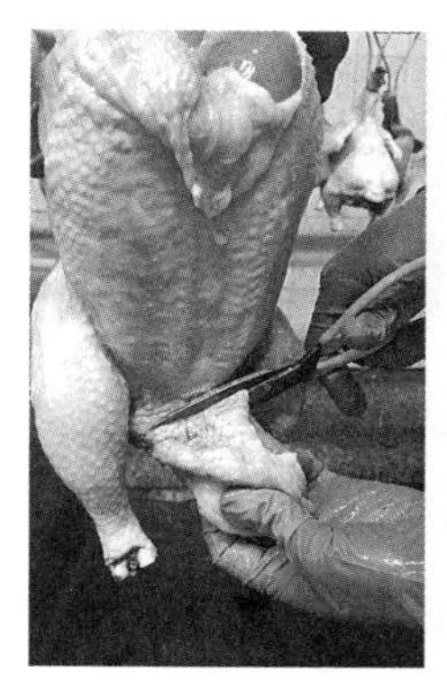
图 5－13　人工切肛

图 5－14　机械切肛

3. 开膛

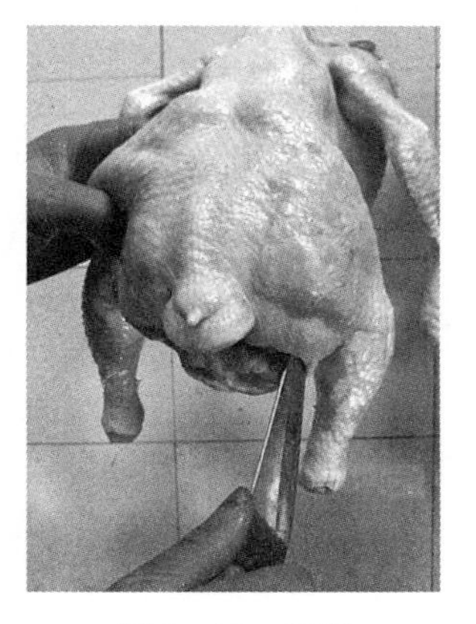
图 5－15　开膛

人工开膛时，一只手捏住鸡肛，另一只手持剪，用刀具从肛门切孔处切开腹皮 3 cm～5 cm。注意，切口不应超过胸骨，不应划破内脏，不能剪伤鸡腿和鸡胸尖，避免增加残次品率，影响产品品质（图 5－15、彩图 11）。使用机械开膛时，根据设备设定适宜的参数。

4. 掏膛

人工掏膛时，用手将心、肝、肠、胗、食管等从鸡体腔内拉出。注意，避免脏器或肠道破损污染胴体，导致微生物滋生（图 5－16）。

有条件的，可使用机器设备自动进行掏膛（图 5－17、彩图 12）。

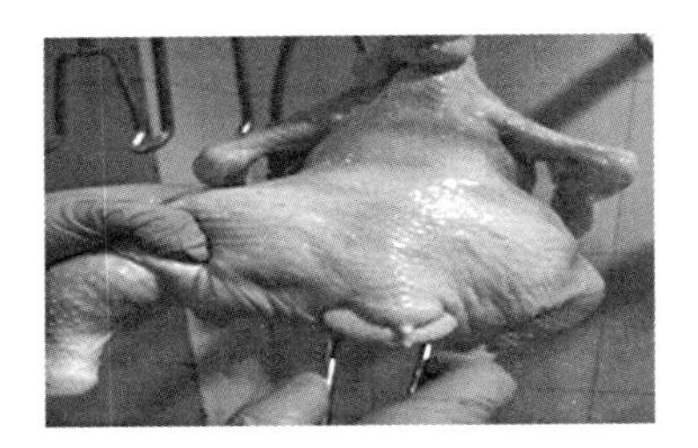

图 5－16　人工掏膛

图 5－17　机械掏膛

5. 清洗消毒

按程序对去嗉囊、切肛、开膛、掏膛所使用的工器具进行消毒，避免交叉污染和微生物滋生。

七、冲　　洗

【标准原文】

5.7　冲洗

鸡胴体内外应冲洗干净。

【内容解读】

本条款规定了鸡胴体冲洗的要求。

去内脏后，应将鸡胴体内外冲洗干净，避免污物进入下道工序，影响产品品质。

【实际操作】

去内脏后，进预冷池前使用一定压力的干净的流水冲洗鸡胴体，将血

污、胆污、浮毛等杂质冲洗干净。

八、检验检疫

【标准原文】

5.8　检验检疫

同步检验按照 NY 467 要求执行；同步检疫按照《家禽屠宰检疫规程》要求执行。

【内容解读】

本条款规定了屠宰后对鸡胴体和内脏等进行检验检疫的要求。

在屠宰过程中，检验检疫人员依照规程及有关规定开展同步检验工作，对疫病进行检验并评定卫生质量，对鸡胴体及各部位组织、器官进行检验检疫，目的是判定动物是否健康并适合人类食用。同时，将不合格产品剔除，进行处理。

同步检验按照 NY 467 规定的检验要求执行；同步检疫按照《家禽屠宰检疫规程》（农医发〔2010〕27 号　附件 2）要求检疫的内容执行。

【实际操作】

1. 外观检查

(1) 体表检查　主要检查色泽、气味、光洁度、完整性及有无水肿、痘疮、化脓、外伤、溃疡、坏死灶、肿物等（图 5－18、彩图 13）。

(2) 冠和髯检查　检查有无出血、水肿、结痂、溃疡及形态有无异常等（图 5－19、彩图 14，图 5－20、彩图 15）。

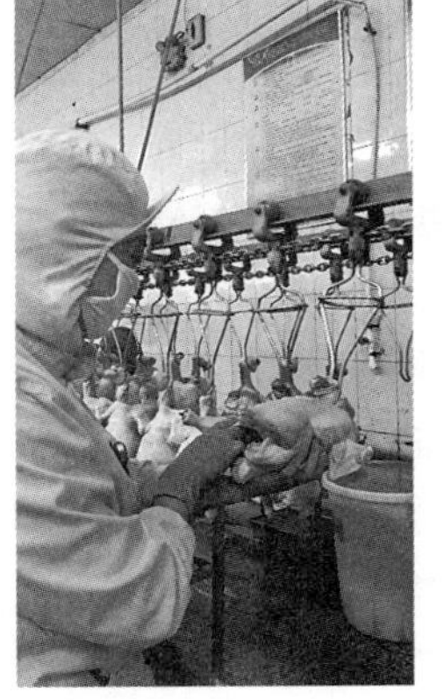

图 5－18　体表检查

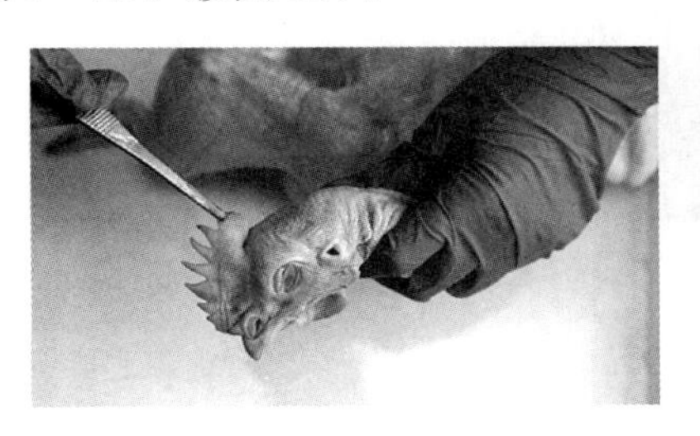

图 5－19　鸡冠检查（示例）

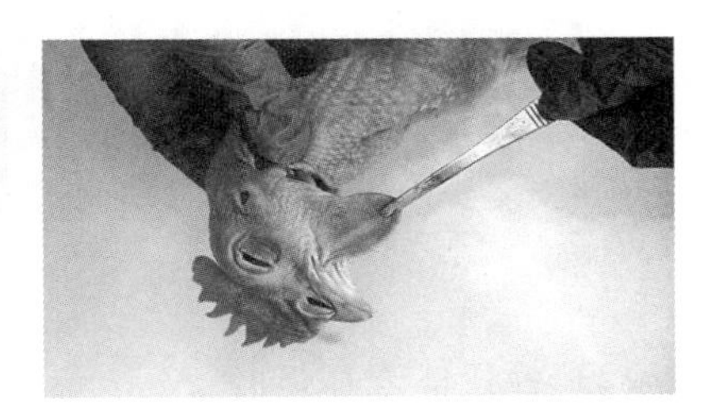

图 5－20　肉髯检查（示例）

(3) 眼部检查 检查眼睑有无出血、水肿、结痂，眼球是否下陷等（图5-21、彩图16）。

(4) 爪部检查 检查有无出血、淤血、增生、肿物、溃疡及结痂等（图5-22、彩图17）。

(5) 肛门检查 检查有无紧缩、淤血、出血等（图5-23、彩图18）。

图5-21 眼部检查（示例）

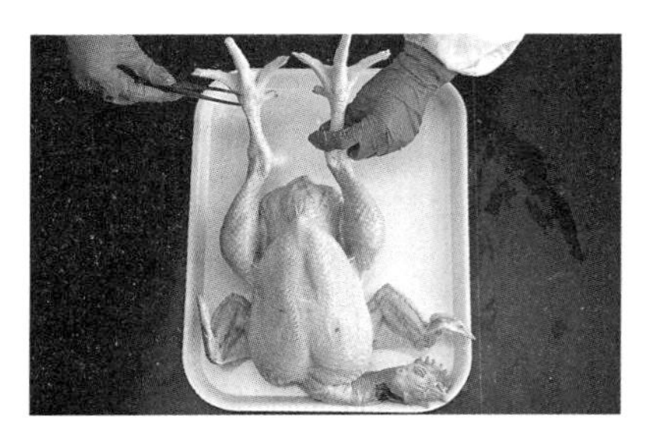

图5-22 爪部检查（示例）

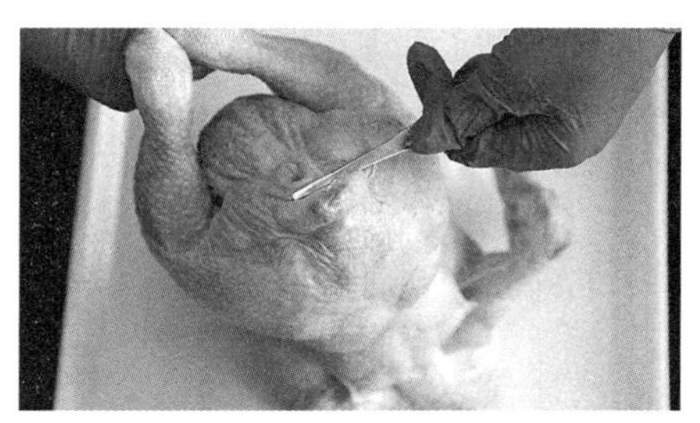

图5-23 肛门检查（示例）

2. 胴体检查

(1) 判断放血程度 脱毛后，视检皮肤的色泽和皮下血管的充盈程度，判断胴体放血程度是否良好。放血良好的鸡胴体，皮肤为黄色或淡黄色，有光泽，看不清皮下血管，肌肉切面颜色均匀，切断面无血液渗出（图5-24）。放血不良的鸡胴体，皮肤暗红色或红紫色，常见表层血管充盈，皮下血管显露，胴体切断口有血液流出，肌肉颜色不均匀（图5-25）。注意，将放血不良的鸡胴体及时剔除，并查明原因。

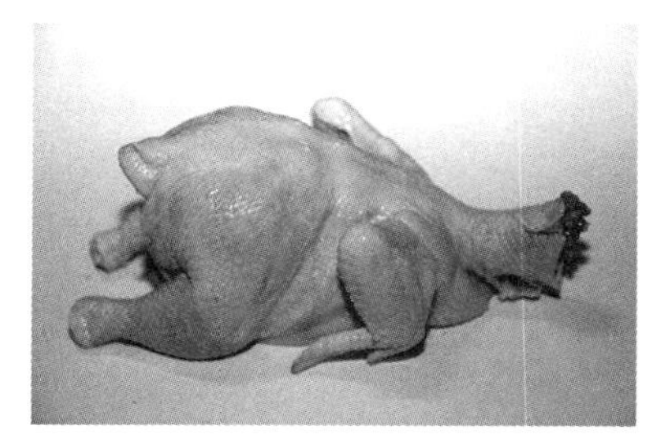

图5-24 放血良好的胴体

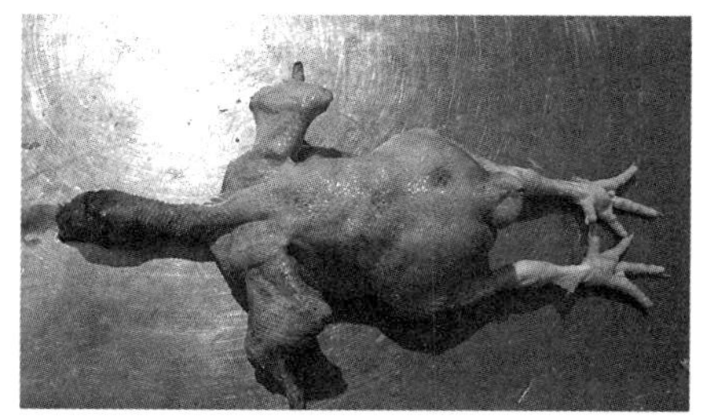

图5-25 放血不良的胴体

(2) 检查体表和体腔

①体表检查。首先，观察皮肤的色泽，色泽异常者可能是病鸡或放

血不良的鸡体。同时，注意皮肤上有无结节、结痂、疤痕（常见于鸡痘、鸡马立克氏病）。其次，观察胴体有无外伤、水肿、化脓及关节肿大（图5-26）。

图5-26 检查胴体体表

②体腔检查。对于全净膛的鸡胴体，须检查体腔内部有无赘生物、寄生虫及传染病的病变，还应检查是否有粪污和胆汁污染；对于半净膛的鸡胴体，可由特制的扩张器由肛门插入腹腔内，张开后用手电筒或窥探灯照明，检查体腔和内脏有无病变和肿瘤（图5-27、彩图19）。发现异常者，应剖开检查。

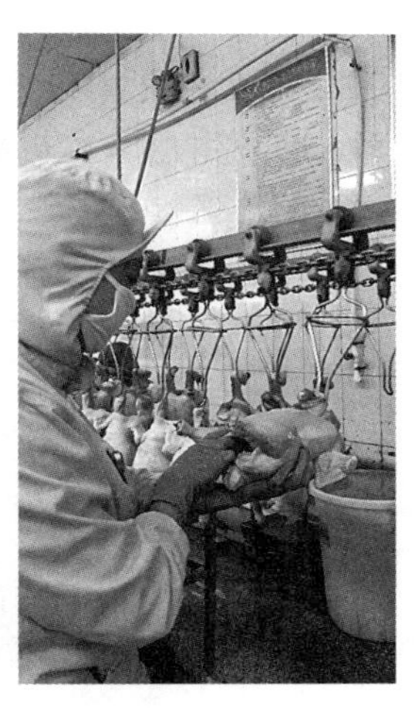

图5-27 体腔检查

3. 内脏检查

对于全净膛加工的鸡，取出内脏后应全面仔细进行检验。半净膛的，只能检查拉出的肠管。不净膛者一般不检查内脏。但在体表检查怀疑为病鸡时，可单独放置。最后，剖开胸腹腔，仔细检查体腔和内脏（图5-28、彩图20）。

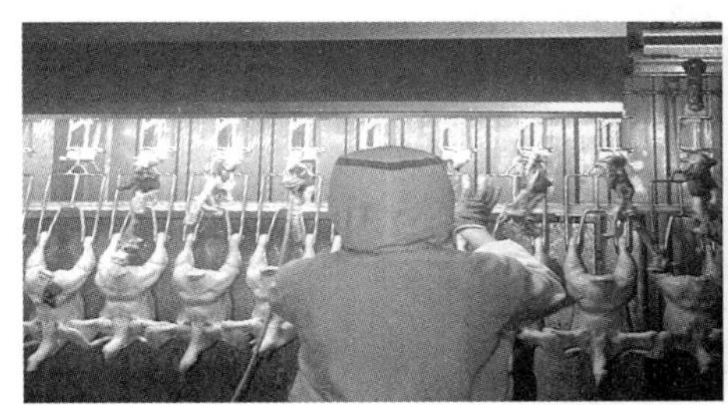

图5-28 内脏检查

(1) 肝脏 观察肝脏的色泽、形态和大小，是否肿大，软硬程度有无异常，有无黄白色斑纹和结节（常见于鸡马立克氏病、鸡白血病、鸡结核病），有无坏死斑点（常见于禽霍乱），胆囊有无变化（图5－29）。

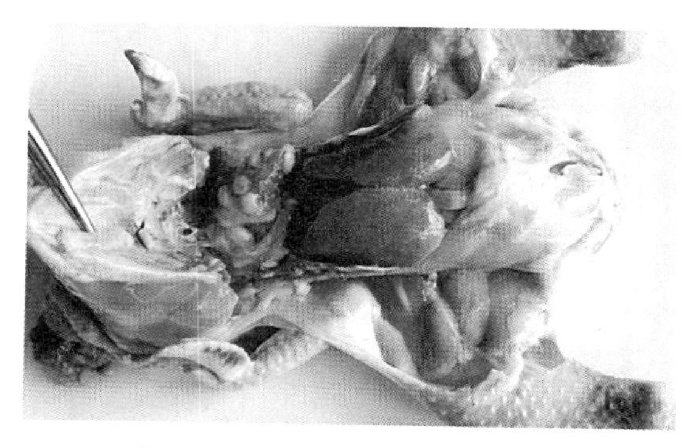

图5－29　肝脏肿大坏死（示例）

（2）脾脏　观察是否有出血、充血、肿大、变色，有无灰白色或灰黄色结节等（图5－30）。

图5－30　正常脾脏

（3）心脏　注意观察心包膜是否粗糙，心包腔是否有积液，心脏是否有出血、形态变化及赘生物等（图5－31）。

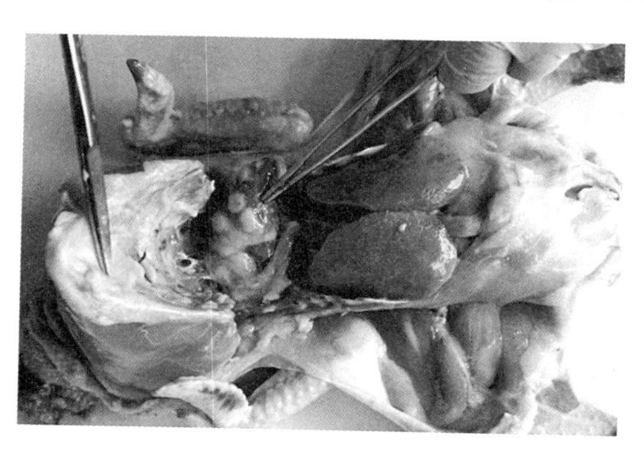

图5－31　心脏肿瘤（示例）

（4）胃　剖检肌胃，剥去角质层（俗称鸡内金），观察有无出血、溃疡；剪开腺胃，轻轻刮去腺胃内容物，观察腺胃黏膜乳头是否肿大，有无出血和溃疡（常见于鸡新城疫、禽流感）（图5－32）。

（5）肠道　视检整个肠管浆膜及肠系膜有无充血、出血、结节，特别要注意小肠和盲肠。必要时，剪开肠管检查肠黏膜（图5－33）。

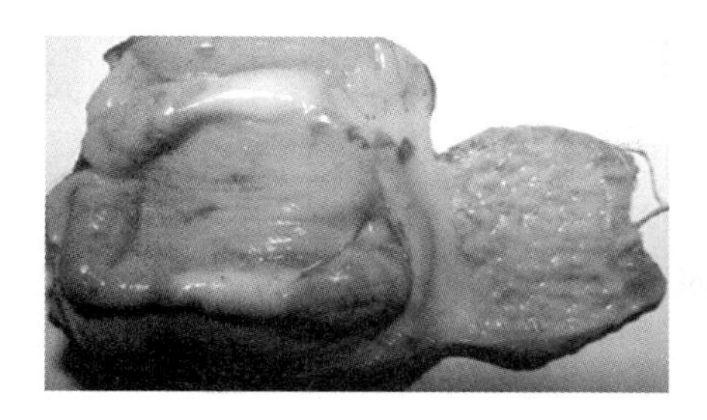

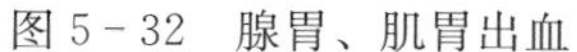

图 5－32　腺胃、肌胃出血

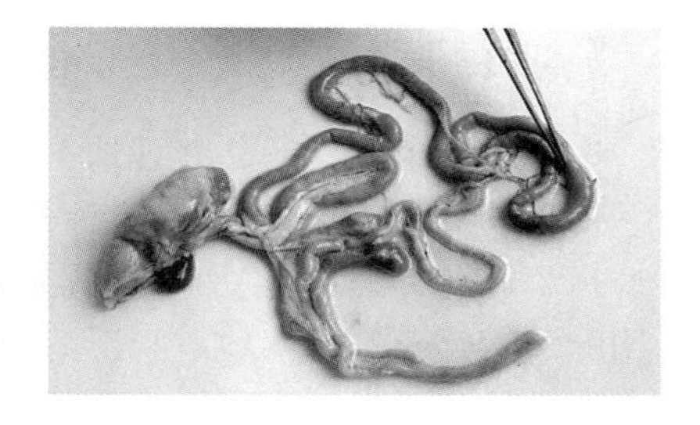

图 5－33　肠鼓气

（6）卵巢　观察卵巢是否完整，有无变形、变色、变硬等异常现象（常见于卵黄性腹膜炎）。

4. 复验

复验，指检验检疫人员对上述检验检疫情况进行复查，综合判断检验检疫结果（图 5－34、彩图 21）。复验内容主要包括：

图 5－34　复验

（1） 检查是否有放血不全现象。

（2） 检查胴体形状、颜色、气味是否正常。

（3） 检查皮肤、脂肪、肌肉和骨骼有无病变、异常。

（4） 检查体表、体腔是否有血污、脓污、胆汁、粪便、毛及其他污物未处理。

九、副产品整理

【标准原文】

5.9.1　副产品应去除污物、清洗干净。

5.9.2　副产品整理过程中，不应落地加工。

【内容解读】

本条款规定了副产品整理加工过程的要求。

依据《食品安全国家标准　畜禽屠宰加工卫生规范》(GB 12694—2016) 7.5条款规定:“加工过程中使用的器具(如盛放产品的容器、清洗用的水管等)不应落地或与不清洁的表面接触,避免对产品造成交叉污染;当产品落地时,应采取适当措施消除污染。”副产品加工应将污染物去除,并用清水冲洗干净;加工过程应在操作台上进行,操作台定期清洗消毒,防止交叉污染。鸡屠宰时,应按照 GB 12694—2016 的要求,对副产品去除污物、清洗干净,整理过程中,应在操作台上进行。操作台应定期清洗消毒,防止污染,不应落地加工,以免影响副产品品质安全。

【实际操作】

鸡副产品主要包括鸡头、鸡爪、鸡胗、鸡肝、鸡肠、腺胃、鸡心、鸡肺、胗油、碎油以及主要用作药用用途的苦胆和鸡内金等。

掏出鸡内脏后,转挂到内脏高架线或人工掏脏后经传送带传至单独隔离的内脏间进行处理,对各个产品分别进行加工和处理。

1. 内脏分离

(1) 抓住鸡肛上侧板油处,把板油、胗、心、肝、肠等完全脱离鸡体。然后,通过滑槽进入副产品加工车间,单独处理心、肝、胗、肠等。

(2) 摘心　一只手扶住鸡肝,另一只手在两片肝中间的下方将鸡心摘下(图 5-35)。

(3) 摘脾脏　一只手扶住鸡胗,另一只手拇指和食指捏住脾脏将其拽下。注意,操作时不要用力过猛,防止捏碎脾脏。

(4) 分肝　一只手扶住鸡肠,使鸡肝面向另一只手的方向;另一只手的食指和中指分别插在两片大肝的后面,并夹住两片肝的中间,顺着肠子方向拽下。拽的时候,中指和食指要并拢,防止第 3 片小肝遗留在鸡胗上(图 5-36)。

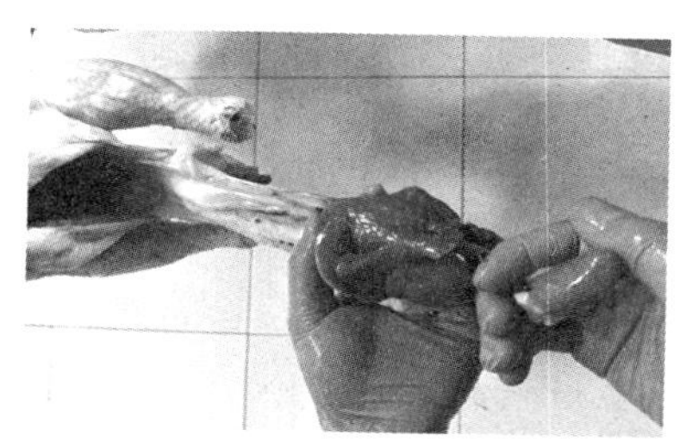
图 5-35　摘心

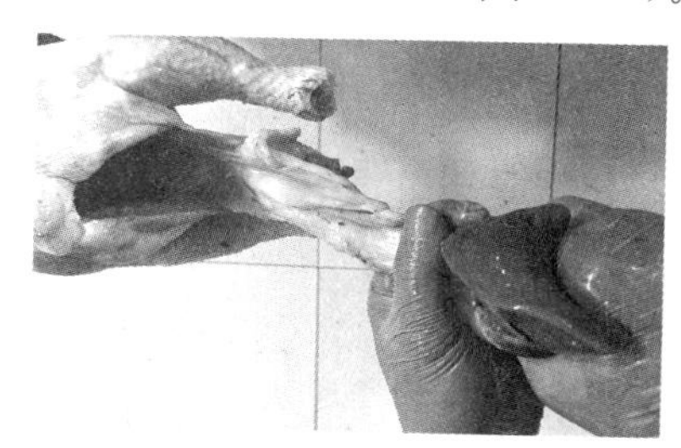
图 5-36　分肝

（5）分肠　用手轻轻拽下鸡肠，放入鸡肠加工处，待加工（图 5－37）。

（6）分胗　一只手手面向下，拇指和食指并紧，紧贴鸡胗；另一只手稍微扶住鸡，然后依靠流水线前进的力自动带下鸡胗（图 5－38）。

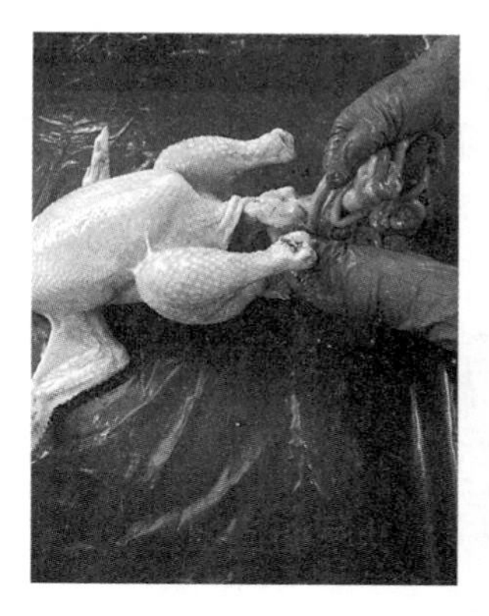

图 5－37　分肠

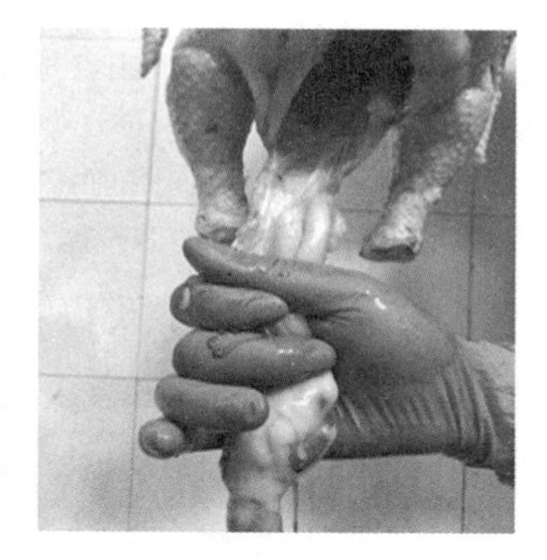

图 5－38　分胗

（7）掏油　将手伸入鸡体内，抠出残留在体腔下方两侧的板油（图 5－39）。注意，通常要求每只鸡带油不超过 2 g。

2. 副产品整理加工

（1）鸡肠　用剪刀剪下鸡肛，连带肠头≤2 cm。注意控制好托握鸡胗和坠扯鸡肠的力度，将鸡肠与鸡胗剥离开，摘下鸡肠，鸡胗仍留在内脏高架线上。

图 5－39　掏油

（2）鸡肝　一只手中指和食指把住鸡肝，一叶肝压在食指下，另一叶肝位于虎口中；另一只手中指和食指卡住食管、腺胃线，虎口形成钳状。两只手同时用力，两个虎口的钳状力共同将鸡肝与鸡胗结合部位钳断，将鸡肝剥离扒下；注意操作时，不得造成鸡胗脱落，鸡胗仍保留在内脏高架线上。

（3）苦胆　左手食指和大拇指卡住肝脏，右手食指托住苦胆下部，大拇指压住苦胆上部；左手虎口形成钳状夹力，右手大拇指向后用力将苦胆从肝脏上扯离，避免挤破苦胆。摘苦胆的同时，挑出鸡肝中混杂的肺、脾脏、气管、胗等；破苦胆由后序鸡肝修整操作人员剪除。最后，将摘过苦胆的鸡肝进行扒翻检查，确认苦胆摘除干净。

(4) 鸡心　在线手工采摘，摘取时避免将鸡胗等内脏带下。

(5) 鸡胗、胗油、腺胃、鸡内金等

①去胗油。右手握鸡胗，少油面朝向虎口，用力合拢拳头。同时，左手辅助按捋，将鸡胗从虎口挤出，胗油留在拳心，放入容器中（图 5-40）。注意，摘胗油时不能将鸡胗、食管等整体扯下。

②剪食管。对准腺胃和食管连接处，自腺胃的上端下剪，剪下食管，实现与鸡胗和腺胃的分离（图 5-41）。

图 5-40　去胗油

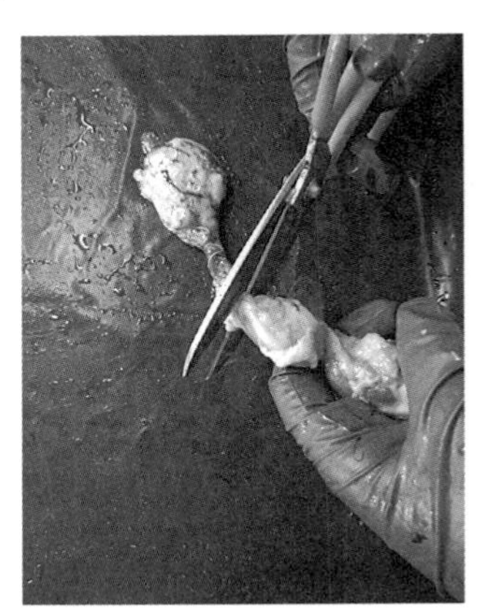

图 5-41　剪食管

③剖鸡胗。一只手戴不锈钢防护手套，将鸡胗一侧白肚部位朝上；另一只手持剪刀自下而上，从胗底切至腺胃（图 5-42）。

④鸡胗、腺胃打洗。可通过分胗打胗机，自动完成打洗（图 5-43）。

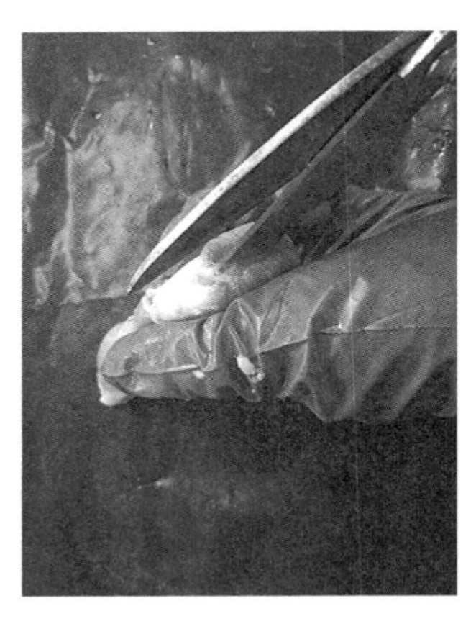

图 5-42　剖鸡胗

图 5-43　打洗

⑤剪腺胃。剪下下料，对准腺胃和鸡胗连接处，剪下腺胃，实现鸡胗和腺胃的分离。顺势剪开腺胃（图 5－44）。

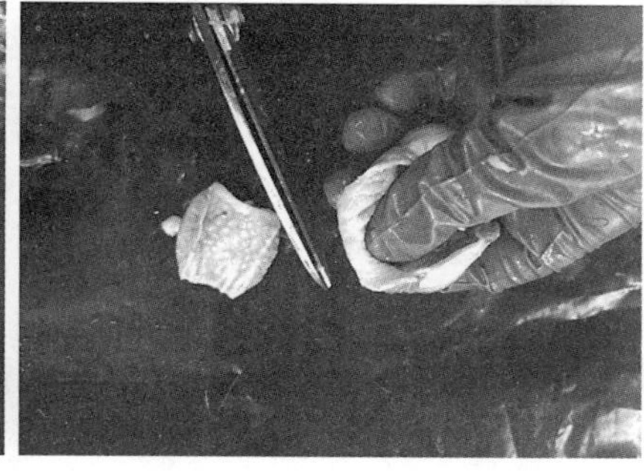

图 5－44　剪腺胃

⑥剥鸡内金。将鸡胗冲洗干净，鸡内金朝下放至胗辊中间部位，剥净鸡内金。机器未剥干净的，采用人工剥净（图 5－45）。

⑦挑拣。预冷前，对鸡胗进行挑拣，残留鸡内金的由剥鸡内金操作人员返工，挑出鸡内金、油沫、胗料（图 5－46）。

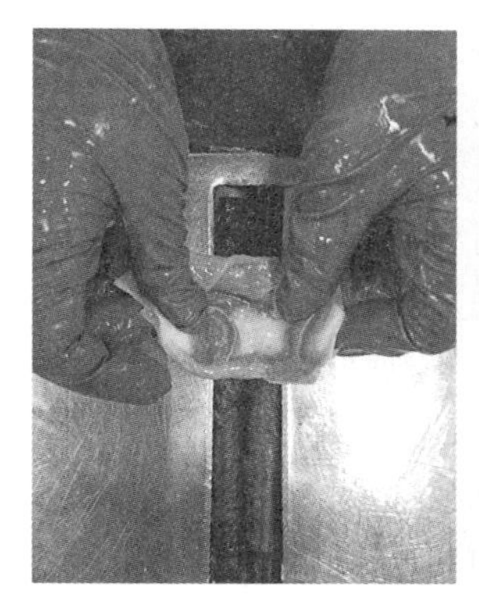

图 5－45　剥鸡内金

图 5－46　挑拣

⑧清洗、沥水。将鸡胗置于流动清水中进行清洗，清洗后的鸡胗置于漏盘或漏筛中沥水至少 3 min。

十、冷　　却

【标准原文】

5.10.1　冷却方法

5.10.1.1　采用水冷或风冷方式对鸡胴体和可食副产品进行冷却。

5.10.1.2 水冷却应符合如下要求：

a）预冷设施设备的冷却进水应控制在4℃以下；

b）终冷却水温度控制在0℃～2℃；

c）鸡胴体在冷却槽中逆水流方向移动，并补充足量的冷却水。

5.10.1.3 风冷却应合理调整冷却间的温度、风速以达到预期的冷却效果。

5.10.2 冷却要求

5.10.2.1 冷却后的鸡胴体中心温度应达到4℃以下，内脏产品中心温度应达到3℃以下。

5.10.2.2 副产品的冷却应采用专用的冷却设施设备，并与其他加工区分开，以防交叉污染。

【内容解读】

本条款规定了鸡胴体及可食用副产品冷却的操作要求。

1. 冷却方法

鸡胴体和可食用副产品进行冷却，能有效抑制微生物生长繁殖。目前，主要有预冷水水冷和风冷两种冷却方式。

（1）预冷水水冷 国内企业大多采用预冷水水冷方式，具体到能量传递方式上，预冷水水冷又分为加冰和制冷剂制冷等方式，目前国内普遍采用加冰的方式，少量采用制冷设备对预冷水进行降温。副产品如鸡胗、鸡爪等一般采用小型的螺旋冷却机进行预冷，与鸡胴体预冷相互独立，避免交叉污染。预冷水温度控制在0℃～4℃，鸡胴体采用逆水方式冷却，应及时补充足量的冷却水，目的是保证鸡胴体进入预冷水后能迅速降温，抑制因胴体的载热使冷却水温度升高甚至超过标准要求，抑制微生物繁殖，保证产品货架期。

（2）风冷 风冷即用空气作为媒介冷却胴体或可食副产品的冷却过程。风冷通常是通过加大需要冷却的物体的表面积，或者是加快单位时间内空气流过物体的速率，抑或是两种方法联用，达到使物体快速降温的目的。风冷时，应控制好风冷温度、风速，加快胴体表面散热，快速降低胴体温度，抑制微生物繁殖，保证产品货架期。

2. 冷却要求

（1） 根据传热学原理，鸡胴体在冷水中冷却，影响冷却效果的主要因素为鸡胴体在冷却水中停留的时间、冷却水的温度、鸡和冷却水之间的温

差、通过鸡胴体表面的冷却水流速等。当鸡胴体在冷却水当中停留的时间越长，鸡胴体和冷却水之间的热交换越充分。因此，鸡胴体要冷却到理想的温度，需要一定的时间。冷却水的温度越低，鸡胴体能交换给冷却水的热量越多，鸡胴体将能够达到更低的温度。因此，鸡胴体要冷却到理想的温度，冷却水的温度也至关重要。鸡胴体和冷却水之间的温差越大，热交换越剧烈。鸡胴体刚刚进入冷却槽的时候，由于温差比较大，降温的速度相对比较快；鸡胴体和冷却水之间的温差越小，热交换越缓慢。在实际生产中，当鸡胴体在螺旋槽内前进的时候，温度越来越低，与冷却水之间的温差越来越小，热交换越来越慢，温度下降的速度也越来越慢，冷却所需要的时间越来越长，一般冷却时间因冷却设备和屠宰量不同，控制在 60 min～120 min。冷却后，胴体中心温度应达到 4℃以下，内脏中心温度达到 3℃以下，肉毒梭菌、沙门氏菌和金黄色葡萄球菌在 3℃条件下停止生长；温度高于 7℃，致病菌和腐败菌的增殖机会大大增加，保持温度在 0℃～4℃，可以保障肉品安全。

(2) 副产品加工与其他产品所在区域不同，冷却时在副产品加工区域采用单独设施设备进行冷却降温，防止交叉污染和高温情况下微生物滋生。

【实际操作】

1. 冷却前准备

每天班前，对降温池内的待制冷水开机制冷，待制冷水温度符合要求后，注入预冷池，注满为止。放入鸡胴体前，需要对预冷设备设施进行开机前检查，并开启螺旋机和鼓风机。预冷池监控人员调节进水阀，保持每只鸡溢流量≥2.5 L。每天班后，将预冷池和降温池冲洗干净，关闭排水阀。在生产过程中，若梯度预冷池的各级预冷池中的水温达不到要求，向预冷池内灌注降温池中的冰水，以快速降低预冷池内的水温。生产中若出现紧急情况，应立即关闭相应设备，及时通知前序工序停产。

2. 冷却过程

(1) 一般采用螺旋推进方式预冷（图 5－47），**分前、中、后 3 道工序** 前池温度≤18℃，中池温度≤10℃，后池温度为 0℃～4℃；若只有前池和后池 2 道工序，前预冷池温度≤10℃，后池温度 0℃～4℃。根据冷却设备和屠宰量的情况，鸡胴体在预冷池的降温时间一般控制在 60 min～120 min。

(2) 预冷池内的水面应无浮油，水质应干净而无血水形成。

图 5-47　螺旋预冷

3. 副产品冷却

鸡爪、鸡心、鸡肝等副产品，冷却时在副产品加工区域采用单独小型的螺旋预冷机或小型的带有溢流口的不锈钢池预冷方式进行冷却降温。每天班后，将预冷设备设施清洗干净，关闭排水阀。每天班前，机房对制冷水开机制冷，待温度达到 0℃±2℃后，注入预冷设备设施，注满为止。在副产品进入前，需要对预冷设备设施进行作业前检查，监控人员调节进水阀。生产中若出现紧急情况，应立即关闭相应设备，及时通知前序工序停产。在生产过程中，若预冷水的水温达不到要求，应及时灌注冰水或制冷水，以快速降低预冷设备设施内的水温，防止交叉污染和高温情况下微生物的滋生。

4. 注意事项

采用风冷却的，注意合理调整冷却间的温度、风速以达到预期的冷却效果。

十一、修整、分割加工

【标准原文】

5.11　修整、分割加工

修整、分割加工按 GB/T 24864 要求执行。

【内容解读】

本条款规定了鸡胴体修整、分割加工的要求。

修整、分割的环境要求、人员要求、屠宰工艺、分割、产品检验、储藏、包装、标志、运输应按照 GB/T 24864 的规定执行。

【实际操作】

鸡屠宰分割加工操作详见第 8 章内容。

十二、冻　　结

【标准原文】

5.12　冻结

将需要冻结的产品转入冻结间，冻结间的温度应为−28℃以下，冻结时间不宜超过 12h，冻结后产品的中心温度应不高于−15℃，冻结后转入冷藏库储存。

【内容解读】

本条款规定了产品冻结的要求。

《食品安全国家标准　畜禽屠宰加工卫生规范》(GB 12694—2016) 7.6 条款规定："生产冷冻产品时，应在 48 h 内使肉的中心温度达到−15℃以下后方可进入冷藏储存库。"冻结时间不宜超过 12 h，原因是当产品中心温度越快通过−5℃～−1℃，则肌肉细胞中产生的冰晶越小，对组织的伤害越小，保水性越好，汁液损失越少；反之，冻结的时间越长，肌肉细胞当中会产生较大的冰晶，压缩到肌肉组织中，会使细胞膜被冰晶刺破，保水性差，汁液损失多。

冻结方式主要包括 2 种：液氨排管式冻结和隧道式单冻机冻结(图 5-48、图 5-49)。根据产品要求选择不同的冻结方式。影响冻结的因素主要有设备的冻结功率、传热速率、冻结间空间和肉品半径等。

图 5-48　液氨排管式冻结

图 5-49　隧道式单冻机冻结

【实际操作】

将需要冻结的产品转入冻结间。设定冻结间的温度−28℃以下，保证冻结时间不超过 12h。使用温度监测设备检测冻结后产品的中心温度，应不高于−15℃。冻结后将产品转入冷藏库储存。

注意冻结间内部要定期除霜，防止霜将排管覆盖住，效果变差。风机功率和安装的位置对产品冻结影响也很大，提高风速可缩短速冻时间。冻结期间要关注产品水分流失率，使用食品级箱片覆盖产品表面可以减少水分流失。

第6章 包装、标签、标志和储存

一、包装、标签、标志要求

【标准原文】

6.1 产品包装、标签、标志应符合 GB/T 191、GB 12694 等相关标准的要求。

【内容解读】

本条款规定了包装、标签、标志的要求。

产品选用合适的材料包装，可以避免受到外界的污染，有利于运输和流通，还可以有效保持产品的感官指标，延长产品保质期等。

屠宰加工企业根据产品的特点，考虑鸡屠宰产品在运输、销售、储存等过程中可能接触的生物性、化学性、物理性危害，选择适当的包装材料和包装方式。内包装材质一般为 PE、PP 材料，外包装一般使用纸箱，视所装产品重量选择合适的抗压和耐破参数。

(1) 简易包装 主要目的是进行物理隔离，防止接触性污染。因此，应着重考虑耐油性、耐低温性和使用方便等性质。

(2) 冻藏产品包装 主要目的是确保冻藏过程中产品质量稳定性，防止发生氧化、风干现象。因此，关键是考虑水分透过率、机械强度、耐低温性、耐油性和使用方便等性质。

(3) 展示销售包装 主要目的是通过柜台来展示产品的感官质量，让购买者可以近距离接触产品。因此，关键是考虑耐低温性、耐油性、阻隔性、气体的选择透过性、机械强度、遮光性和使用方便等性质。

与禽类产品接触的包装材料，其成分不能向禽类产品迁移或其迁移量不得超过危害人体健康的限值，也不能使产品发生不可接受的改变，从而保证禽类产品的安全。因此，包装材料在选择时还需要考虑所用包装材料本身的化学稳定性、所用黏合剂和印刷油墨所用溶剂的安全性及无毒性，以及选用添加剂的卫生安全性。

《包装储运图示标志》（GB/T 191）对包装储运图示标志的名称、图形符号、尺寸、颜色、应用方法等作出了规定。

《食品安全国家标准　畜禽屠宰加工卫生规范》（GB 12694—2016）8.1 条款规定："包装材料应符合相关标准，不应含有有毒有害物质，不应改变肉的感官特性""肉类的包装材料不应重复使用，除非是用易清洗、耐腐蚀的材料制成，并且在使用前经过清洗和消毒""内、外包装材料应分别存放，包装材料库应保持干燥、通风和清洁卫生""产品包装间的温度应符合产品特定的要求"。

鸡屠宰产品包装、标签、标志应符合 GB/T 191、GB 12694 等相关标准的要求。

【实际操作】

包装流程一般包括：

1. 领取物料

包装人员按生产计划提前到包装库领取包装物料。

2. 灯检

包装人员将领取的内袋进行逐个灯检，将不合格的内袋挑出。

3. 贴检疫标志

一只手拿标签，另一只手放在包装袋上（图 6－1）或使用自动贴标机贴标（图 6－2）。

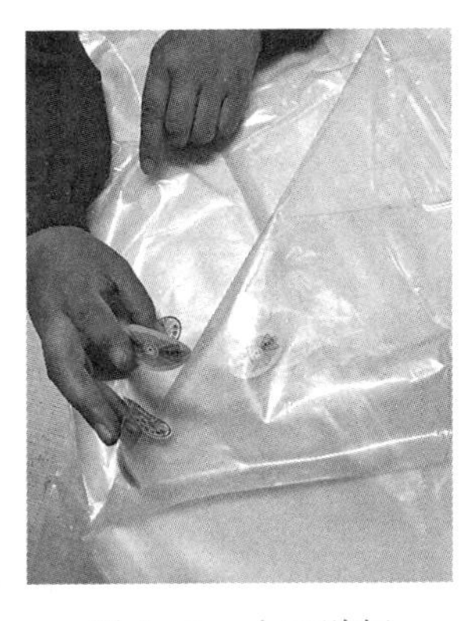

图 6－1　人工贴标

图 6－2　机械贴标

4. 物料核算

物料人员按照宰杀计划、待宰鸡原料只重及产品生产计划，按批次准备该批加工产品量 80%的物料。

5. 打印日期、追溯码、防伪码

打码人员将当日的生产日期、追溯码和防伪码打印在内袋指定位置，编织袋和纸箱打印在相应规定区域，必须保证清晰、准确。

6. 发放包装

包装袋（箱）发放时，要记录发放的准确数量，并且在生产结束后要统计出当日实用数量及破损数量。

二、储存要求

【标准原文】

6.2　储存环境与设施、库温和储存时间应符合 GB 12694 的要求。

【内容解读】

本条款规定了产品储存的要求。

内、外包装材料储存时，应分别存放；包装材料库应保持干燥、通风和清洁卫生；包装材料离墙、离地存放，并进行标识，方便使用；严格进行异物控制和消毒。

储存库内成品应离墙、离地存放，按不同种类、批次分垛存放，并加以标识，便于保证产品先进先出。储存库内不应存放有碍卫生的物品，同一库内不应存放可能造成相互污染或者串味的产品，避免相互污染，影响产品品质。

【实际操作】

1. 储存环境

冷鲜产品库温应在 0℃～4℃，冷冻成品库温低于－18℃。

2. 储存要求

(1) 储存库库门两边产品离门至少 50 cm，避免产品回温，码垛规范整齐。

（2）产品外箱无破损、无落地、无污染，产品离地至少 10 cm，离墙至少 30 cm，离顶部至少 50 cm，以便于检查（图 6－3）。

图 6－3　产品码垛

（3）库管员对每垛产品加标识卡，注明品名、规格、生产日期、每天出入库数量及库存数量，做到账物相符，并保持库内清洁卫生（图 6－4）。

图 6－4　码垛标识

（4）成品库应保持清洁卫生，无明显霜雪，至少 1 个月安排 1 次除霜，每季度彻底除霜 1 次。

（5）应设专人每天监测成品库温度或采用自动监测系统实时记录。

第 7 章

其 他 要 求

一、不合格品处理

【标准原文】

7.1 屠宰过程中落地或被粪便、胆汁污染的肉品及副产品应另行处理。

7.2 经检验检疫不合格的肉品及副产品，应按 GB 12694 的要求和《病死及病害动物无害化处理技术规范》的规定执行。

【内容解读】

本条款规定了不合格产品的处理规定和要求。

《中华人民共和国动物防疫法》第 25 条规定："禁止屠宰、经营、运输下列动物和生产、经营、加工、储藏、运输下列动物产品：（一）封锁疫区内与所发生动物疫病有关的；（二）疫区内易感染的；（三）依法应当检疫而未经检疫或者检疫不合格的；（四）染疫或者疑似染疫的；（五）病死或者死因不明的；（六）其他不符合国务院兽医主管部门有关动物防疫规定的。"

《中华人民共和国食品安全法》第 34 条规定："禁止生产经营下列食品、食品添加剂、食品相关产品：（一）用非食品原料生产的食品或者添加食品添加剂以外的化学物质和其他可能危害人体健康物质的食品，或者用回收食品作为原料生产的食品；（二）致病性微生物，农药残留、兽药残留、生物毒素、重金属等污染物质以及其他危害人体健康的物质含量超过食品安全标准限量的食品、食品添加剂、食品相关产品；（三）用超过保质期的食品原料、食品添加剂生产的食品、食品添加剂；（四）超范围、超限量使用食品添加剂的食品；（五）营养成分不符合食品安全标准的专供婴幼儿和其他特定人群的主辅食品；（六）腐败变质、油脂酸败、霉变生虫、污秽不洁、混有异物、掺假掺杂或者感官性状异常的食品、食品添加剂；（七）病死、毒死或者死因不明的禽、畜、兽、水产动物肉类及其制品；（八）未按规定进行检疫或者检疫不合格的肉类，或者未经检验或者检验不合格的肉类制品；（九）被包装材料、容器、运输工具等污染的食品、食品添加剂；（十）标注虚假生产日期、保质期或者超过保质期的食品、食品添加剂；（十一）无标签的预包装食品、食品添加剂；（十二）国家为防病等特殊需要明令禁止生产经营的食品；（十三）其他不符合法律、法规或者食品安全标准的食品、食品添加剂、食品相关产品。”

因此，屠宰过程中落地或被粪便、胆汁污染的肉品及副产品应下线清洗、消毒处理，避免污染线上合格产品。检验不合格的肉品及副产品，采取无害化处理，主要是消灭其所携带的病原微生物，避免交叉污染及造成病毒传播。

根据《病死及病害动物无害化处理技术规范》等的要求，为防止动物疫病传播扩散，保障动物产品质量安全，无害化处理方法主要包括焚烧法、化制法、高温法、深埋法、化学处理法5种：

1. 焚烧法

即氧化燃烧法，为燃烧动物尸体使之变为灰渣，把病原微生物杀死消灭的过程，分为直接焚烧法和碳化焚烧法。焚烧法的优点是可以彻底消灭病原微生物，效果可靠，同时实现病死动物减量化；其缺点是存在环保、成本、资源循环利用3个方面的问题。环保问题主要是焚烧过程产生二次污染，因为处理时排放大量污染物，这些污染物是其他方法的9倍以上，包括灰尘、一氧化碳、氮氧化物、酸性气体等，还会产生明显的恶臭味，会对生态环境造成极坏的影响。另外，还需对烟气污染物等进行环保处理，会进一步增加处理成本。同时，无害化焚烧炉处理后的残渣，无法实现资源的循环利用，不能增加废物的附加值。

2. 化制法

在密闭的高压容器内，通过向夹层或容器通入高温饱和蒸气，在干热、压力或者高温的作用下，将动物尸体化制为蛋白固形物、可融性脂肪或油脂以及水3种最终产品的过程，是采用高温高压方式，把没有价值或价值很低的动物尸体及其副产品转换成安全、营养、有经济价值的产品的方法。化制过程通常包括去除不需要部分、分割、混合、预加热、蒸煮、分离脂肪和蛋白等过程，最后对浓缩蛋白进行干燥和研磨。通过判断热蒸汽与动物尸体是否直接接触，把化制法划分为2种，即干化

法和湿化法。

化制法的优点主要有2个：一是可以彻底消灭病原微生物；二是实现资源循环利用，处理后形成工业用油、蛋白质饲料或有机肥。此外，还具有操作简单和处理能力强等优点。但由于设备价格高，需要专业化公司运作，故只适用于国家或地区集中定点的无害化处理场所。

3. 高温法

即将动物尸体和制品与高温油脂相混合，容器夹层经导热油或其他介质加热，通过高温的方法，分解尸体的细菌和病毒，从而达到无害化处理的要求。产生的蒸气经废气处理系统后排出，加热产生的动物尸体残渣传输至压榨系统处理。

4. 深埋法

适用于发生动物疫情或自然灾害等突发事件时病死及病害动物的应急处理，以及边远和交通不便地区零星病死畜禽的处理。按照相关的规定，将动物尸体及相关动物产品投入深埋坑中，并进行覆盖、消毒，以达到发酵或者分解动物尸体及相关动物产品的目的。深埋应选择在土壤渗透性不高的地点。深埋坑的大小和形状要根据所用设备、土壤条件、地下水位，以及需要进行深埋动物的尸体数量和体积等来决定。

深埋法的优点主要有3个：一是可以有效消灭病原微生物；二是处理成本低，不用配备大型设施设备，运行费用低；三是操作较简便。缺点主要有2个：一是环保问题；二是资源循环利用问题。环保问题主要是处理不当容易造成土壤及地下水的污染，此法对深埋地有较高要求，要求应远离公共场所、动物饲养和屠宰场所、饮用水源地等，仅适用于地下水位低的地区，导致处理地点难以寻找和处理程序复杂。深埋法处理，最后完全腐烂降解，无法实现资源循环利用，不能提高废物的附加值。此外，深埋法所需的时间较长，需定期对处理设施进行检查，后期管理难度较高。

5. 化学处理法

即在高温的环境中，通过强碱或强酸的作用加快分解反应，把动物尸体和组织水解成骨渣及无菌水，从而达到处理动物尸体的目的。经过适当周期的水解处理，杀灭其中全部的病菌和寄生虫。动物皮毛可使用过氧乙酸或碱液浸泡消毒。

【实际操作】

1. 落地及污染产品处理

（1）落地产品放于落地产品存放桶或筐，定点存放，且避免产品色泽和气味出现异常。

（2）先检查落地产品是否有附着的异物。若有，及时去除，然后用清水清洗，作降级处理。

2. 检验不合格品处理

目前，我国对鸡屠宰厂的监管实施动物卫生监督机构官方兽医驻场监管的制度，病害畜禽及其产品的无害化处理是官方兽医监管的重要内容。经检验检疫发现的患有传染性疾病、寄生虫病、中毒性疾病或有害物质残留超标的畜禽及其组织的无害化处理应当在官方兽医的监管下实施。

二、追溯与召回

【标准原文】

7.3 产品追溯与召回应符合 GB 12694 的要求。

【内容解读】

本条款规定了产品追溯和召回的要求。

建立完善的可追溯及召回体系，确保肉类及其产品存在不可接受的食品安全风险时，能进行追溯。并且，将问题批次产品悉数召回，有利于保证餐桌上流通产品的安全。

1. 产品追溯

《中华人民共和国食品安全法》第 42 条规定："国家建立食品安全全程追溯制度。食品生产经营者应当依照本法的规定，建立食品安全追溯体系，保证食品可追溯。国家鼓励食品生产经营者采用信息化手段采集、留存生产经营信息，建立食品安全追溯体系。国务院食品药品监督管理部门会同国务院农业行政等有关部门建立食品安全全程追溯协作机制。"

国务院办公厅 2015 年 12 月发布的《国务院办公厅关于加快推进重要产品追溯体系建设的意见》（国办发〔2015〕95 号）规定："推进食用农产品追溯体系建设。建立食用农产品质量安全全程追溯协作机制，以责任

主体和流向管理为核心、以追溯码为载体，推动追溯管理与市场准入相衔接，实现食用农产品‘从农田到餐桌’全过程追溯管理。推动农产品生产经营者积极参与国家农产品质量安全追溯管理信息平台运行。中央财政资金支持开展肉类、蔬菜、中药材等产品追溯体系建设的地区，要大力创新建设管理模式，加快建立保障追溯体系高效运行的长效机制。”部分省份也制定了与畜禽产品追溯相关的地方规定。例如，甘肃省 2014 年制定了《甘肃省食品安全追溯管理办法（试行）》（甘政办发〔2014〕14 号）；上海市 2015 年制定了《上海市食品安全信息追溯管理办法》（上海市人民政府令第 33 号），其中第 2 条规定涉及畜产品及其制品、禽产品及其制品的追溯。

2. 产品召回

《中华人民共和国食品安全法》第 63 条规定：“国家建立食品召回制度。食品生产者发现其生产的食品不符合食品安全标准或者有证据证明可能危害人体健康的，应当立即停止生产，召回已经上市销售的食品，通知相关生产经营者和消费者，并记录召回和通知情况。食品经营者发现其经营的食品有前款规定情形的，应当立即停止经营，通知相关生产经营者和消费者，并记录停止经营和通知情况。食品生产者认为应当召回的，应当立即召回。由于食品经营者的原因造成其经营的食品有前款规定情形的，食品经营者应当召回。食品生产经营者应当对召回的食品采取无害化处理、销毁等措施，防止其再次流入市场。但是，对因标签、标志或者说明书不符合食品安全标准而被召回的食品，食品生产者在采取补救措施且能保证食品安全的情况下可以继续销售；销售时应当向消费者明示补救措施。食品生产经营者应当将食品召回和处理情况向所在地县级人民政府食品药品监督管理部门报告；需要对召回的食品进行无害化处理、销毁的，应当提前报告时间、地点。食品药品监督管理部门认为必要的，可以实施现场监督。食品生产经营者未依照本条规定召回或者停止经营的，县级以上人民政府食品药品监督管理部门可以责令其召回或者停止经营。”

【实际操作】

1. 追溯

肉鸡屠宰规模化企业在生产加工过程中，从养殖源头、加工过程、仓储、运输和销售均应建立、加强和完善产品质量安全追溯体系，打造基于全产业链的质量安全信息化可追溯体系，通过引入国家二维码认证注册中心二维码和自动化设备并自建信息化系统，实现产品“一物一码”动态追溯，有利于生产与流通等环节的精确管理与追踪，向客户与消费者全面呈现养殖、生产、销售和检测等信息，建立实时和良好的沟通渠道。也有屠宰企业建立表单记录流转式的人工可追溯管理。

2. 召回

肉鸡屠宰企业应建立产品召回制度，定期进行产品召回模拟演练，确保出现召回事件时能够及时、有效召回。

三、记录和文件

【标准原文】

7.4 记录和文件应符合 GB 12694 的要求。

【内容解读】

本条款规定了鸡屠宰操作过程中记录和文件的要求。

建立记录制度并有效实施，保证记录内容完整、真实，确保对产品从屠宰厂到产品销售的所有环节都可进行有效追溯。

《中华人民共和国食品安全法》第 50 条规定：“食品生产者采购食品原料、食品添加剂、食品相关产品，应当查验供货者的许可证和产品合格证明；对无法提供合格证明的食品原料，应当按照食品安全标准进行检验；不得采购或者使用不符合食品安全标准的食品原料、食品添加剂、食品相关产品。食品生产企业应当建立食品原料、食品添加剂、食品相关产品进货查验记录制度，如实记录食品原料、食品添加剂、食品相关产品的名称、规格、数量、生产日期或者生产批号、保质期、进货日期以及供货者名称、地址、联系方式等内容，并保存相关凭证。记录和凭证保存期限不得少于产品保质期满后六个月；没有明确保质期的，保存期限不得少于二年。”

《中华人民共和国农产品质量安全法》第 24 条规定：“农产品生产企业和农民专业合作经济组织应当建立农产品生产记录，如实记载下列事项：（一）使用农业投入品的名称、来源、用法、用量和使用、停用的日期；（二）动物疫病、植物病虫草害的发生和防治情况；（三）收获、屠宰或者捕捞的日期。农产品生产记录应当保存二年。禁止伪造农产品生产记录。国家鼓励其他农产品生产者建立农产品生产记录。”

【实际操作】

记录和文件管理是屠宰加工企业食品安全管理体系的重要组成部分，企业在实施鸡屠宰加工活动时应有相应的计划作为指引，计划应有书面文件，执行应有记录。

记录是反映实际鸡屠宰加工活动实施结果的文件，鸡屠宰加工的所有环节，从鸡只采购、屠宰加工、检验检疫、包装储存到销售、追溯、产品召回等相关活动都应有记录可查证。

记录必须真实、准确、完整、便于追溯，体现生产过程实际情况。记录可作为提供活动、产品（或服务）符合相关要求、管理体系有效运行、有效追溯的客观证据，也可作为验证、预防和纠正措施的证据。

记录和文件应按照相关法律法规和公司文件记录管理制度管理，文件内容应符合法律法规和公司运行实际，对操作具有指导作用。

第 8 章

分　割

1. 挂鸡

将预冷后的胴体挂在链条上，要求挂鸡脖，鸡胴体腹部朝向操作工（图 8－1）。

2. 开胸、开裆

操作工面对鸡胸站立，用左手拇指按住右侧胸皮，稍微拉紧，其余四指握住鸡右腿（琵琶腿下部）固定鸡体；右手拿刀，沿龙骨两侧轻轻地将胸对称划开，注意不能划伤胸肉、小胸和软骨（图 8－2）。然后开裆，左手拿住右腿（琵琶腿下部）先开左裆，再开右裆，从胸下部与腿内侧连接处顺刀下划，把裆皮划开（图 8－3、图 8－4）。

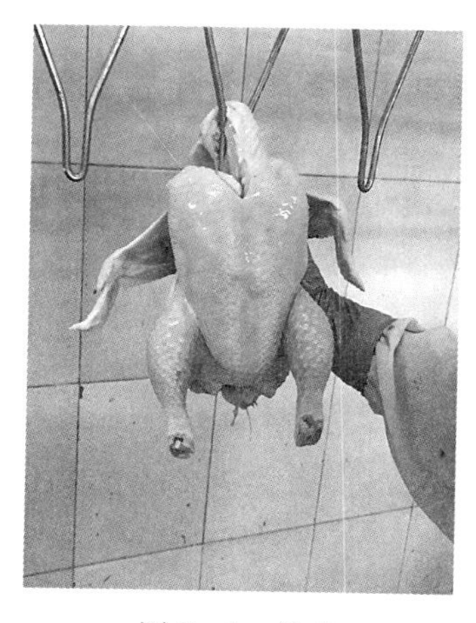

图 8－1　挂鸡

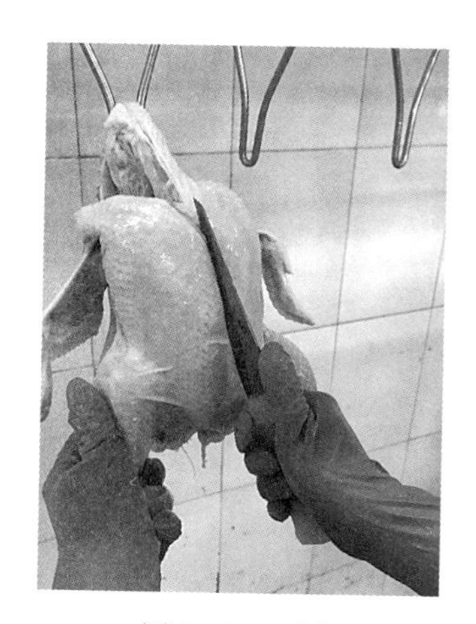

图 8－2　开胸

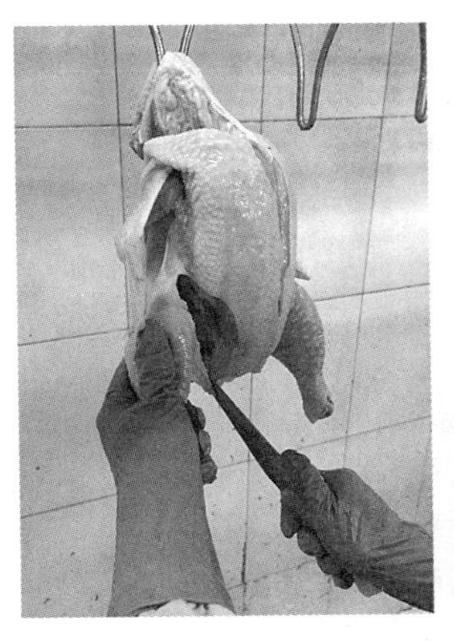

图 8-3 开左裆

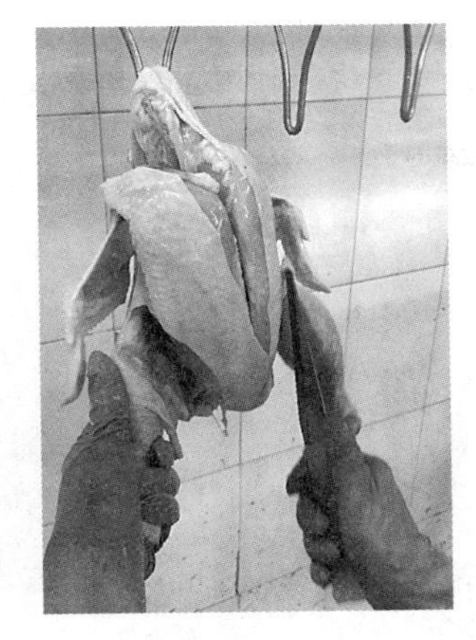

图 8-4 开右裆

3. 划背、掰腿

操作工面对鸡背站立，左手扶住左腿（膝关节处），右手持刀，从鸡背的脖根左侧下刀，将与脖根相连的皮划破，竖直划至鸡尾部，要求深至脊背，但不能划破鸡尾（图 8-5）。操作工用双手大拇指顶住两腿髂关节处，其余四指放在两腿内侧，然后用力将腿向后掰，直至髋关节脱臼；然后一只手抓住双腿，另一只手顺腰部环切一刀（图 8-6）。

图 8-5 划背

图 8-6 掰腿

4. 卸腿

左（右）手握住腿上部，右（左）手持刀，在腿与鸡体相连的腰眼肉处下刀，向里圆滑切至髂关节，顺势用刀尖环绕髂关节周围，将关节韧带割断，然后将刀紧贴髂关节下方的坐骨向下划。同时，左（右）手用力将腿撕下，保留鸡尾完整并使腿与鸡体分离（图 8－7）。

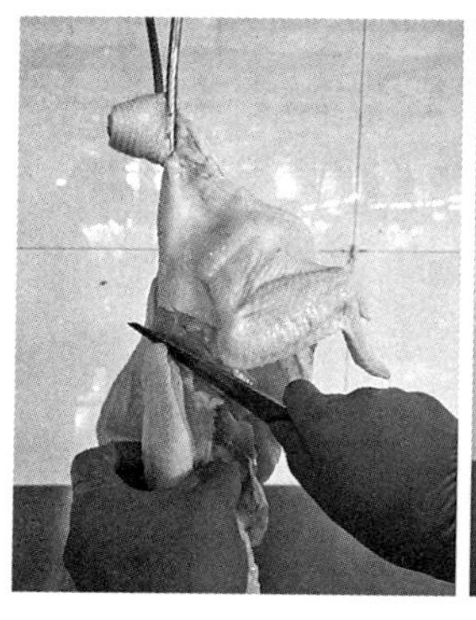 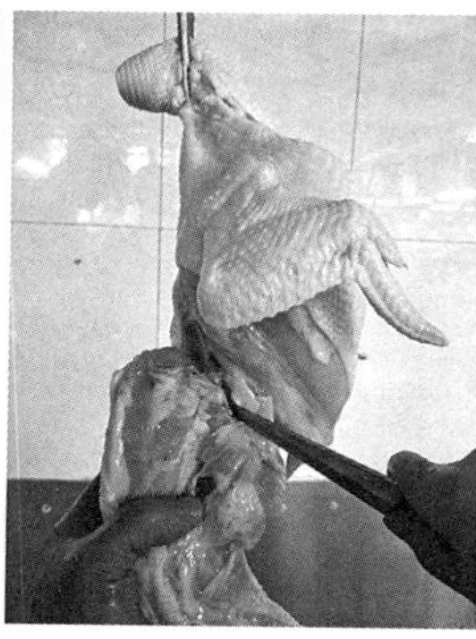 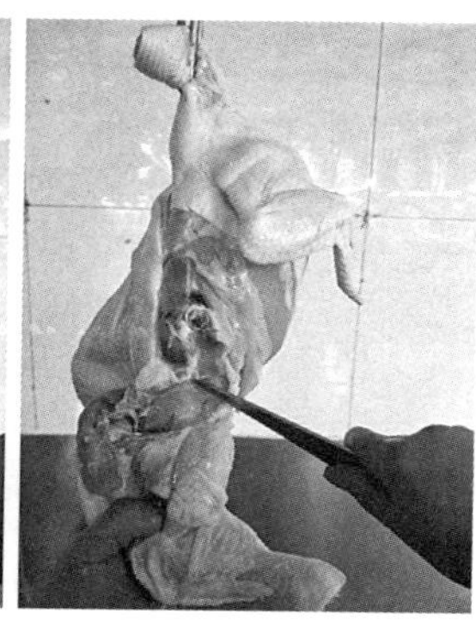

图 8－7　卸腿

5. 卸翅

左（右）手握住左（右）翅的根部，右（左）手持刀将脖根与胸肩相连的皮彻底切开，用刀尖沿锁骨划下，顺势切断肩关节的韧带，注意不能伤及翅根关节部位；再将刀沿肩胛骨划下切开肩肉，左（右）手用力向下撕翅，使翅与鸡体分离（图 8－8）。

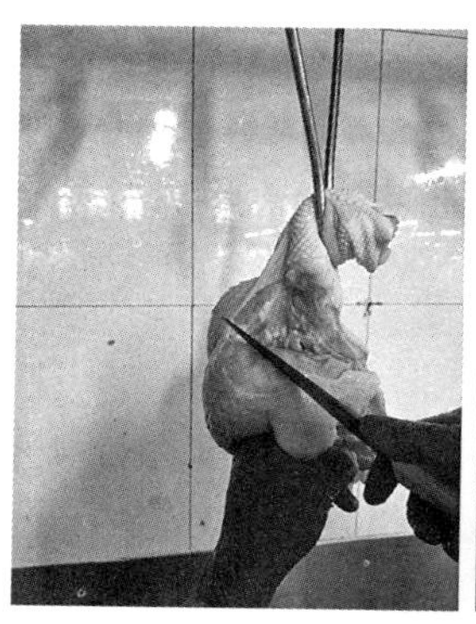 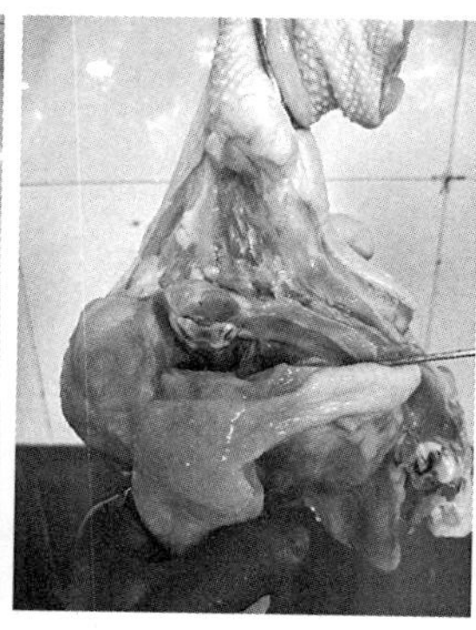 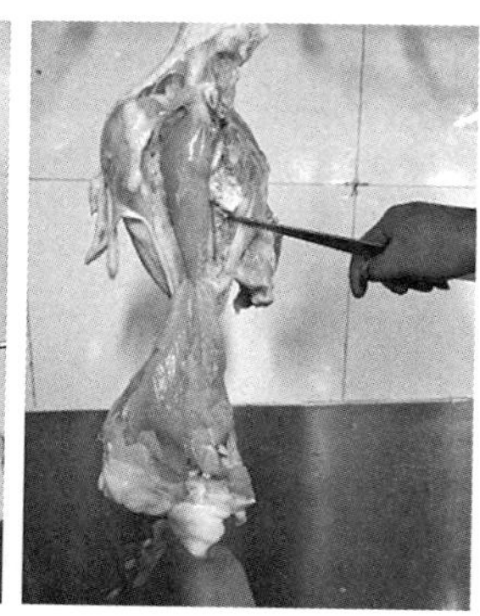

图 8－8　卸翅

6. 胸肉加工

（1）切胸肉　左手握住鸡翅，将胸肉平放在案板上，翅根与胸肉的连接处保持垂直；右手拿刀从翅根与胸肉的连接处下刀，然后从刀尖开始向前推刀切下胸肉（图 8－9）。

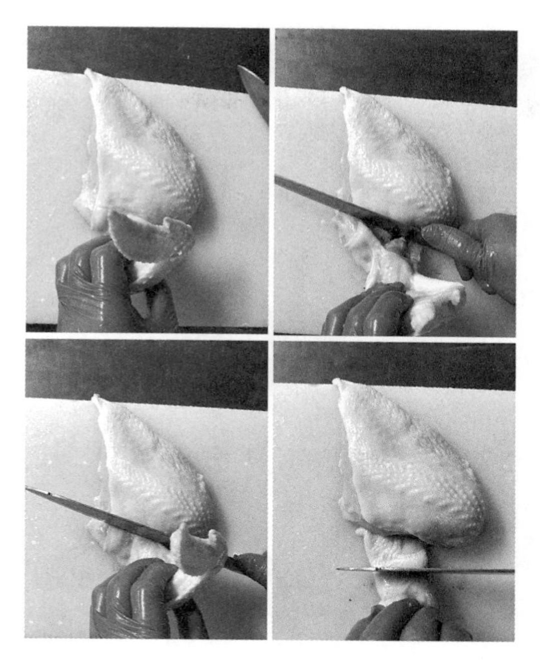

图 8-9 切胸肉

（2）撕皮 左手提住带皮胸肉，右手拇指插入胸肉上端的皮肉间隙，从上至下完全撕掉胸皮（图 8-10）。

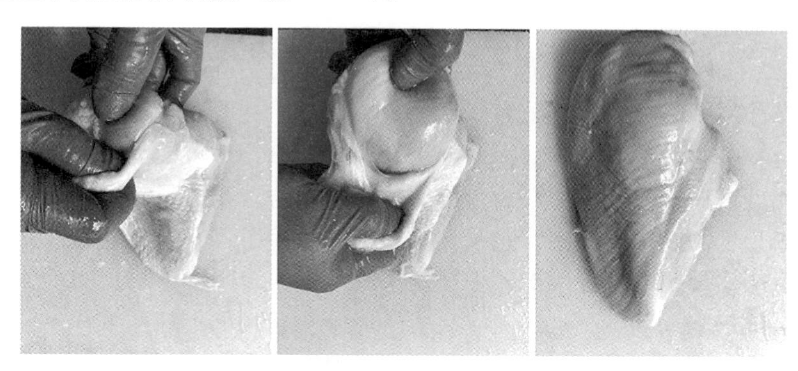

图 8-10 撕皮

（3）修胸肉

①修带皮胸肉。先修掉淤血、软骨、硬骨，再将胸肉上多余皮和油脂剪掉，使肉块整齐、皮肉相符（图 8-11）。

②修去皮胸肉。将胸肉光滑面朝上，修去表面的油脂；再将胸肉翻转放置，修去淤血、软骨、硬骨和多余脂肪，使肉块整齐（图 8-12）。

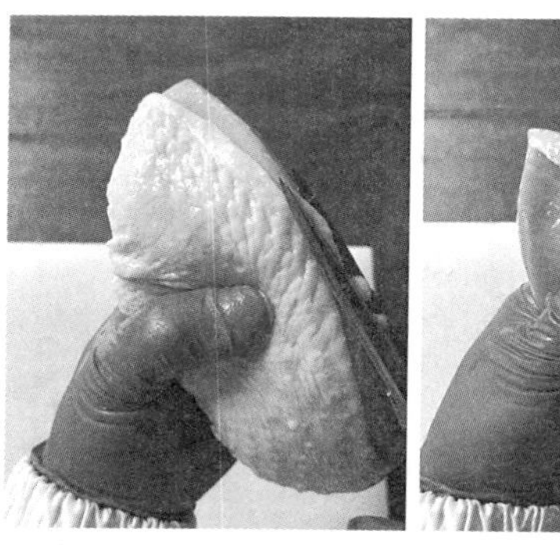
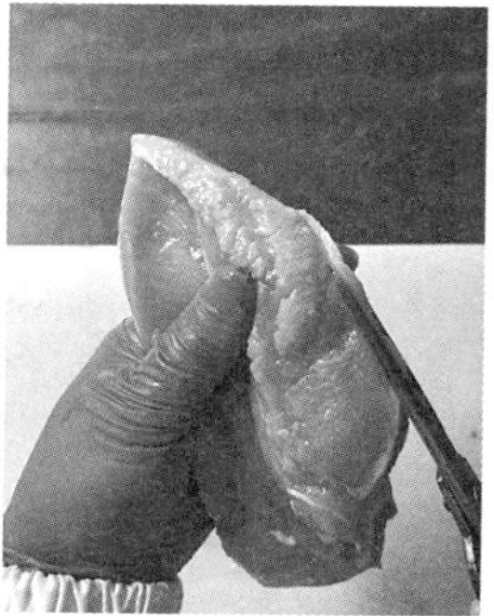

图 8-11　修带皮胸肉

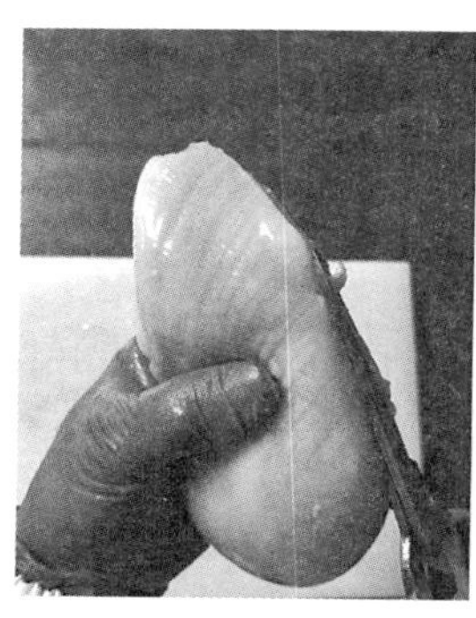
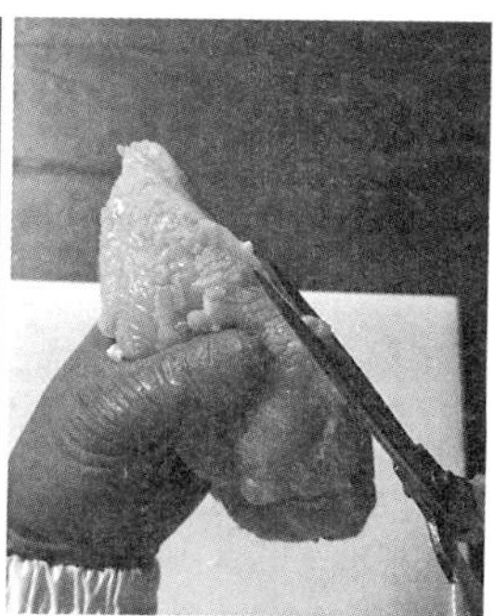

图 8-12　修去皮胸肉

7. 翅类分割加工

（1）分割翅根　左手握住翅中尖，右手用剪刀在翅根与翅中连接的关节凹面处剪断，分别把翅根与翅中尖放入不同的容器（图 8-13）。

（2）分割翅中、翅尖　左手握住翅中，右手用剪刀在翅中与翅尖连接的关节凹面处剪断，分别把翅中与翅尖放入不同的容器（图 8-14）。

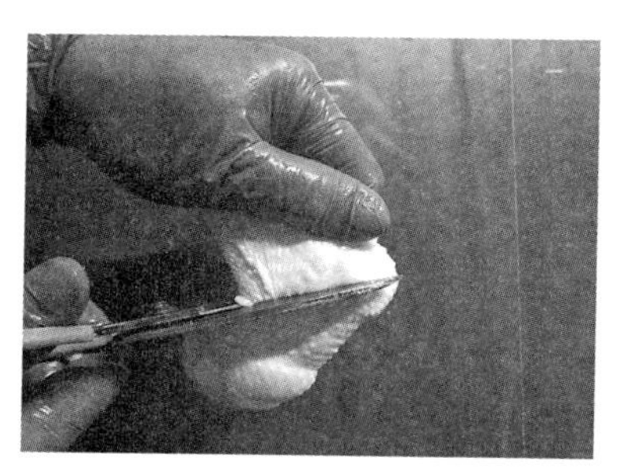

图 8-13　分割翅根

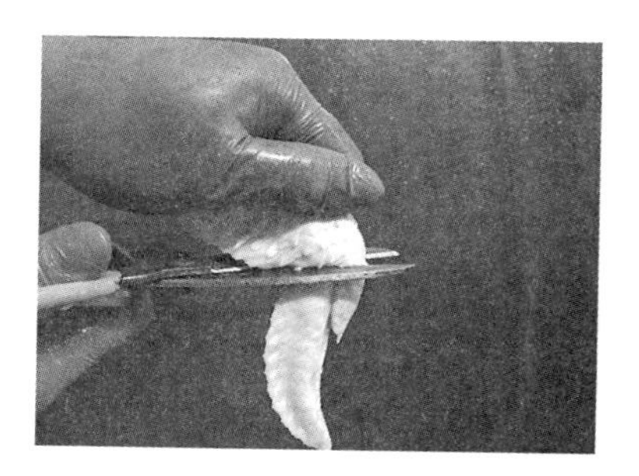

图 8-14　分割翅中、翅尖

（3）分级　将翅根、翅中、翅尖逐一过秤，按级别分别放至不同容器中。翅尖重点进行残次品的分级（图 8－15 至图 8－17）。

图 8－15　翅中

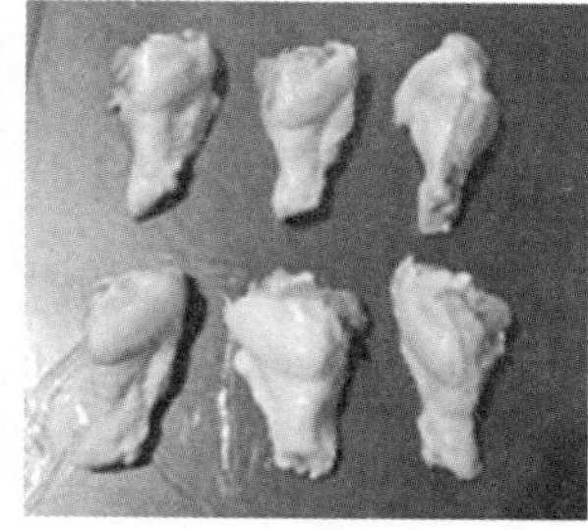

图 8－16　翅根

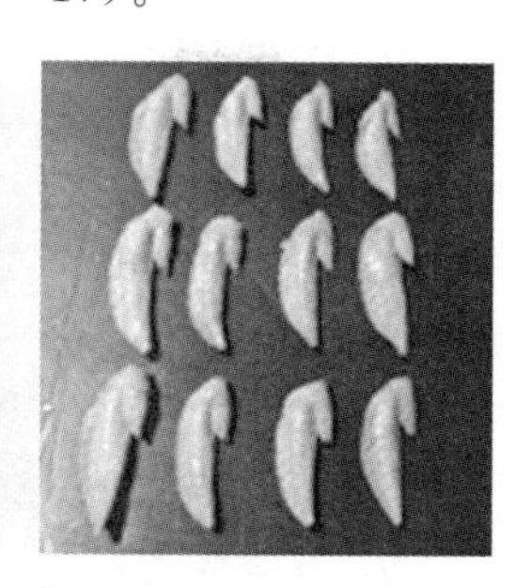

图 8－17　翅尖

（4）净毛　净毛员工用毛夹去掉翅上残留的硬杆毛、毛根、黑色毛囊、绒毛。

8. 胸肉加工

（1）划小胸　左手握住鸡架背部，右手持刀或专用工具，紧贴胸骨嵴两侧下划至软骨 2/3 处，使小胸与胸骨嵴分离（图 8－18）。注意用力要轻，不能划伤小胸、软骨。

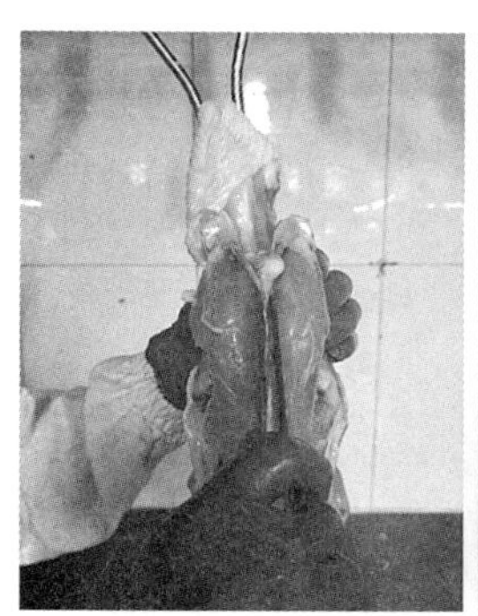

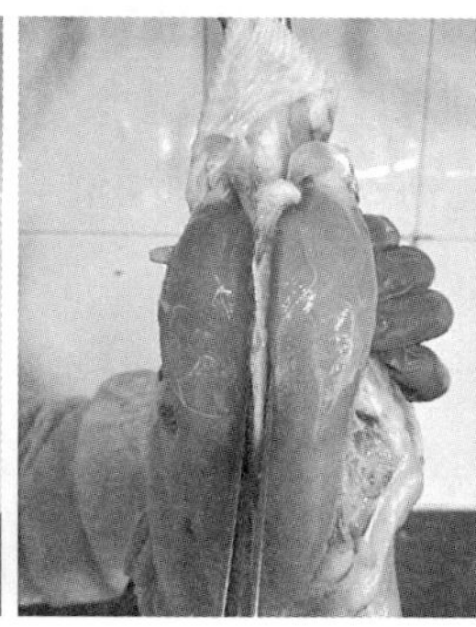

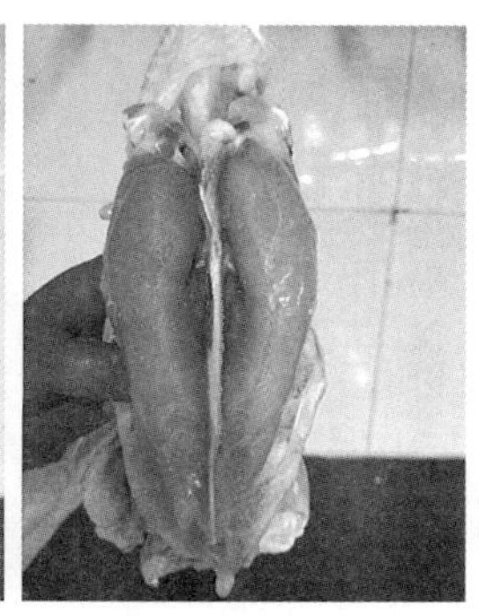

图 8－18　划小胸

（2）拉小胸　左手握住鸡背上部，右手拿小胸拉钩或弯头尖嘴钳，将小胸顺势拉下（图 8－19）。小胸质量标准：无淤血、脂肪、碎骨、碎胸，小胸完整、无破碎，无外源性异物，装袋时摆列整齐。

9. 去胸软骨

左手握住鸡架，右手拿刀，在肱骨与软骨连接处点一刀，右手食指将胸软骨下端向鸡体内翻转，拇指摁住软骨上端顺势将其撕下（图 8－20）。胸软骨质量标准：不带胸肉，软骨完整，无碎软骨，无肱骨，无外源性异物。

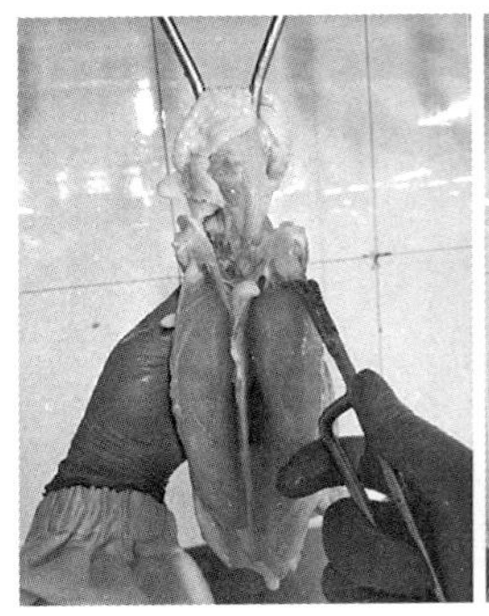
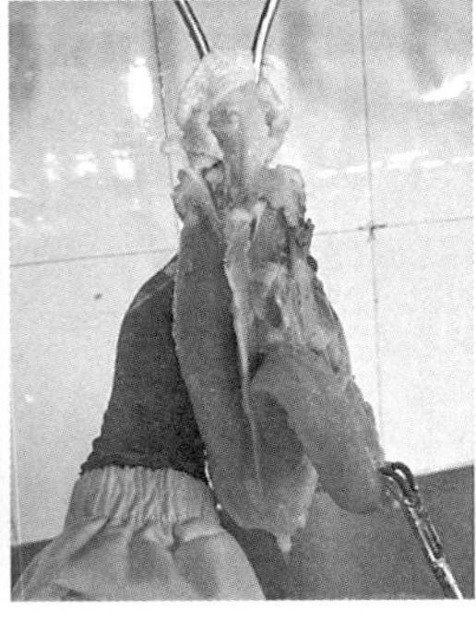
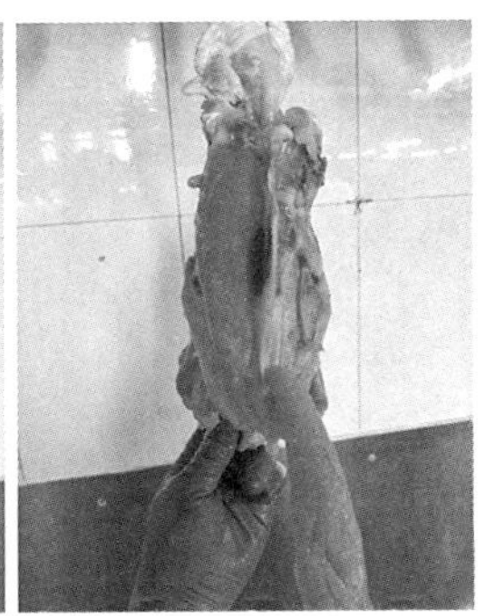

图 8-19　拉小胸

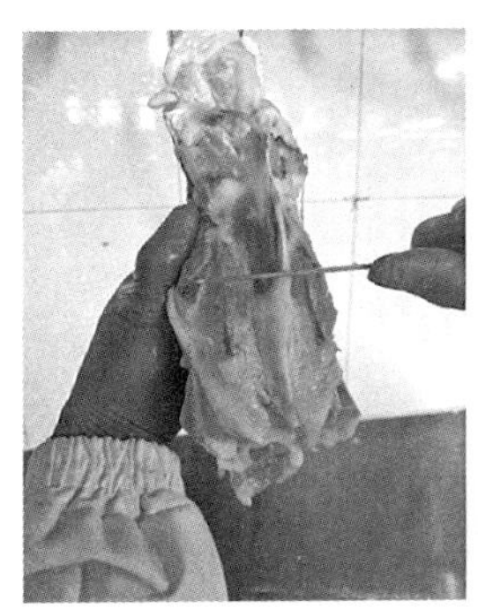
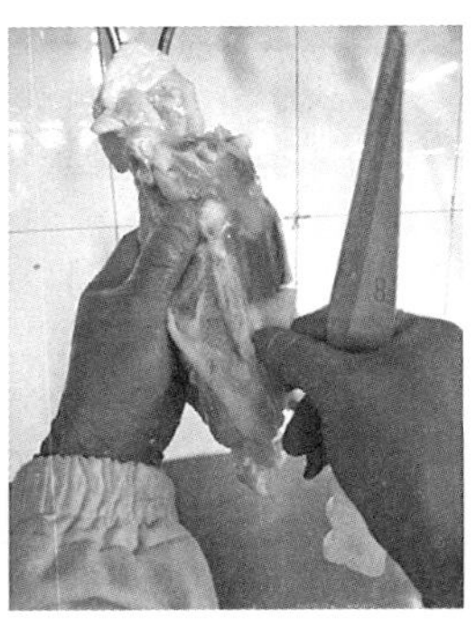

图 8-20　去胸软骨

10. 去鸡尾

左手握住鸡架，右手拿剪刀把鸡尾剪下或拿刀割下（图 8-21）。鸡尾质量标准：无硬杆毛、毛根，无外源性异物。

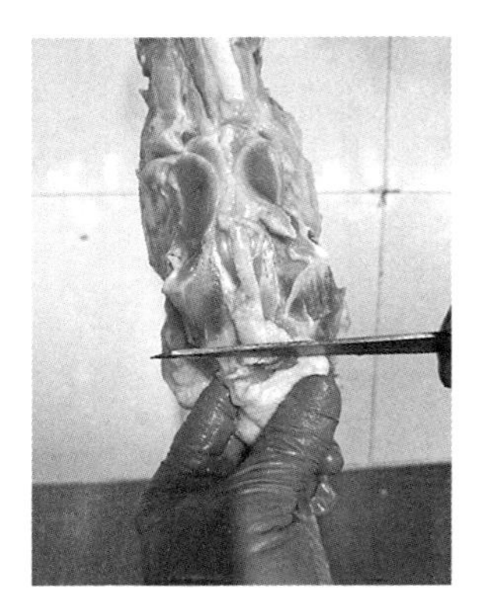

图 8-21　去鸡尾

11. 割腹膜肉

左手捏住腹膜肉，右手持刀将其割下。根据产品需要，也可以不割腹膜肉。

12. 割鸡脖

一只手拿住鸡架，另一只手持刀迅速将鸡脖割下，使鸡架与鸡脖脱离。

附录 1

畜禽屠宰操作规程　鸡

1　范围

本标准规定了鸡屠宰的术语和定义、宰前要求、屠宰操作程序及要求、包装、标签、标志和储存以及其他要求。

本标准适用于鸡屠宰厂（场）的屠宰操作。

2　规范性引用文件

下列文件对于本文件的应用是必不可少的。凡是注日期的引用文件，仅注日期的版本适用于本文件。凡是不注日期的引用文件，其最新版本（包括所有的修改单）适用于本文件。

GB/T 191　包装储运图示标志

GB 12694　食品安全国家标准　畜禽屠宰加工卫生规范

GB/T 19480　肉与肉制品术语

GB/T 24864　鸡胴体分割

NY 467　畜禽屠宰卫生检疫规范

家禽屠宰检疫规程（农医发〔2010〕27 号　附件 2）

病死及病害动物无害化处理技术规范（农医发〔2017〕25 号）

3　术语和定义

GB 12694、GB/T 19480 界定的以及下列术语和定义适用于本文件。

3.1

鸡屠体　chicken body

宰杀沥血后的鸡体。

3.2

鸡胴体　chicken carcass

宰杀沥血后，去除内脏，去除或不去除头、爪的鸡体。

3.3

同步检验　synchronous inspection

与屠宰操作相对应，将畜禽的头、蹄（爪）、内脏与胴体生产线同步运行，由检验人员对照检验和综合判断的一种检验方法。

4　宰前要求

4.1　待宰鸡应健康良好，并附有产地动物卫生监督机构出具的《动物检疫合格证明》。

4.2　鸡宰前应停饲静养，禁食时间应控制在6 h～12 h，保证饮水。

5　屠宰操作程序及要求

5.1　挂鸡

5.1.1　轻抓轻挂，将符合要求的鸡，双爪吊挂在适宜的挂钩上。

5.1.2　死鸡不应上挂，应放于专用容器中。

5.1.3　从上挂后到致昏前宜增加使鸡安静的装置。

5.2　致昏

5.2.1　应采用气体致昏或电致昏的方法，使鸡在宰杀、沥血直到死亡处于无意识状态。

5.2.2　采用水浴电致昏时应根据鸡品种和规格适当调整水面的高度和电参数，保持良好的电接触。

5.2.3　采用气体致昏时，应合理设计气体种类、浓度和致昏时间。

5.2.4　致昏设备的控制参数应适时监控并保存相关记录。

5.2.5　致昏区域的光照强度应弱化，保持鸡的安静。

5.3　宰杀、沥血

5.3.1　鸡致昏后，应立即宰杀，割断颈动脉和颈静脉，保证有效沥血。

5.3.2　沥血时间为3 min～5 min。

5.3.3　不应有活鸡进入烫毛设备。

5.4　烫毛、脱毛

5.4.1　烫毛、脱毛设备应与生产能力相适应，根据季节和鸡品种的不同，调整工艺和设备参数。

5.4.2　浸烫水温宜为58℃～62℃，浸烫时间宜为1 min～2 min。

5.4.3　浸烫时水量应充足，并持续补水。

5.4.4　脱毛后应将屠体冲洗干净。

5.4.5　脱毛后不应残留余毛、浮皮和黄皮。

5.5　去头、去爪

5.5.1　需要去头、去爪时，可采用手工或机械的方法去除。

5.5.2　去爪时应避免损伤跗关节的骨节。

5.6　去嗉囊、去内脏

5.6.1　去嗉囊：切开嗉囊处的表皮，将嗉囊拉出并去除；采用自动设备时，宜拉出嗉囊待掏膛时去除。

5.6.2　切肛：采用人工或机械方法，用刀具从肛门周围伸入，刀口长约3 cm，切下肛门。不应切断肠管。

5.6.3　开膛：采用人工或机械方法，用刀具从肛门切孔处切开腹皮3 cm～5 cm。不应超过胸骨，不应划破内脏。

5.6.4　掏膛：采用人工或机械方法，从开膛口处伸入腹腔，将心、肝、肠、胗、食管等拉出，避免脏器或肠道破损污染胴体。

5.6.5　清洗消毒：工具应定时清洗消毒，与胴体接触的机械装置应每次进行冲洗。

5.7　冲洗

鸡胴体内外应冲洗干净。

5.8　检验检疫

同步检验按照 NY 467 要求执行；同步检疫按照《家禽屠宰检疫规程》要求执行。

5.9　副产品整理

5.9.1　副产品应去除污物、清洗干净。

5.9.2　副产品整理过程中，不应落地加工。

5.10　冷却

5.10.1　冷却方法

5.10.1.1　采用水冷或风冷方式对鸡胴体和可食副产品进行冷却。

5.10.1.2　水冷却应符合如下要求：

a)　预冷设施设备的冷却进水应控制在4℃以下；

b)　终冷却水温度控制在0℃～2℃；

c)　鸡胴体在冷却槽中逆水流方向移动，并补充足量的冷却水。

5.10.1.3　风冷却应合理调整冷却间的温度、风速以达到预期的冷却效果。

5.10.2　冷却要求

5.10.2.1　冷却后的鸡胴体中心温度应达到4℃以下，内脏产品中心温度应达到3℃以下。

5.10.2.2　副产品的冷却应采用专用的冷却设施设备，并与其他加工区分开，以防交叉污染。

5.11　修整、分割加工

修整、分割加工按 GB/T 24864 要求执行。

5.12　冻结

将需要冻结的产品转入冻结间，冻结间的温度应为－28℃以下，冻结时间不宜超过 12h，冻结后产品的中心温度应不高于－15℃，冻结后转入冷藏库储存。

6　包装、标签、标志和储存

6.1　产品包装、标签、标志应符合 GB/T 191、GB 12694 等相关标准的要求。

6.2　储存环境与设施、库温和储存时间应符合 GB 12694 的要求。

7　其他要求

7.1　屠宰过程中落地或被粪便、胆汁污染的肉品及副产品应另行处理。

7.2　经检验检疫不合格的肉品及副产品，应按 GB 12694 的要求和《病死及病害动物无害化处理技术规范》的规定执行。

7.3　产品追溯与召回应符合 GB 12694 的要求。

7.4　记录和文件应符合 GB 12694 的要求。

食品安全国家标准
畜禽屠宰加工卫生规范

1 范围

本标准规定了畜禽屠宰加工过程中畜禽验收、屠宰、分割、包装、储存和运输等环节的场所、设施设备、人员的基本要求和卫生控制操作的管理准则。

本标准适用于规模以上畜禽屠宰加工企业。

2 术语和定义

GB 14881—2013 中的术语和定义适用于本标准。

2.1 规模以上畜禽屠宰加工企业

实际年屠宰量生猪在 2 万头、牛在 0.3 万头、羊在 3 万只、鸡在 200 万羽、鸭鹅在 100 万羽以上的企业。

2.2 畜禽

供人类食用的家畜和家禽。

2.3 肉类

供人类食用的，或已被判定为安全的、适合人类食用的畜禽的所有部分，包括畜禽胴体、分割肉和食用副产品。

2.4 胴体

放血、脱毛、剥皮或带皮、去头蹄（或爪）、去内脏后的动物躯体。

2.5 食用副产品

畜禽屠宰、加工后，所得内脏、脂、血液、骨、皮、头、蹄（或爪）、尾等可食用的产品。

2.6 非食用副产品

畜禽屠宰、加工后，所得毛皮、毛、角等不可食用的产品。

2.7 宰前检查

在畜禽屠宰前，综合判定畜禽是否健康和适合人类食用，对畜禽群体和个体进行的检查。

2.8 宰后检查

在畜禽屠宰后，综合判定畜禽是否健康和适合人类食用，对其头、胴体、内脏和其他部分进行的检查。

2.9 非清洁区

待宰、致昏、放血、烫毛、脱毛、剥皮等处理的区域。

2.10 清洁区

胴体加工、修整、冷却、分割、暂存、包装等处理的区域。

3 选址及厂区环境

3.1 一般要求

应符合 GB 14881—2013 中第 3 章的相关规定。

3.2 选址

3.2.1 卫生防护距离应符合 GB 18078.1 及动物防疫要求。

3.2.2 厂址周围应有良好的环境卫生条件。厂区应远离受污染的水体，并应避开产生有害气体、烟雾、粉尘等污染源的工业企业或其他产生污染源的地区或场所。

3.2.3 厂址必须具备符合要求的水源和电源，应结合工艺要求因地制宜地确定，并应符合屠宰企业设置规划的要求。

3.3 厂区环境

3.3.1 厂区主要道路应硬化（如混凝土或沥青路面等），路面平整、易冲洗，不积水。

3.3.2 厂区应设有废弃物、垃圾暂存或处理设施，废弃物应及时清除或处理，避免对厂区环境造成污染。厂区内不应堆放废弃设备和其他杂物。

3.3.3 废弃物存放和处理排放应符合国家环保要求。

3.3.4 厂区内禁止饲养与屠宰加工无关的动物。

4 厂房和车间

4.1 设计和布局

4.1.1 厂区应划分为生产区和非生产区。活畜禽、废弃物运送与成品出厂不得共用一个大门，场内不得共用一个通道。

4.1.2 生产区各车间的布局与设施应满足生产工艺流程和卫生要求。车间清洁区与非清洁区应分隔。

4.1.3 屠宰车间、分割车间的建筑面积与建筑设施应与生产规模相适应。

车间内各加工区应按生产工艺流程划分明确，人流、物流互不干扰，并符合工艺、卫生及检疫检验要求。

4.1.4 屠宰企业应设有待宰圈（区）、隔离间、急宰间、实验（化验）室、官方兽医室、化学品存放间和无害化处理间。屠宰企业的厂区应设有畜禽和产品运输车辆和工具清洗、消毒的专门区域。

4.1.5 对于没有设立无害化处理间的屠宰企业，应委托具有资质的专业无害化处理场实施无害化处理。

4.1.6 应分别设立专门的可食用和非食用副产品加工处理间。食用副产品加工车间的面积应与屠宰加工能力相适应，设施设备应符合卫生要求，工艺布局应做到不同加工处理区分隔，避免交叉污染。

4.2 建筑内部结构与材料

应符合 GB 14881—2013 中 4.2 的规定。

4.3 车间温度控制

4.3.1 应按照产品工艺要求将车间温度控制在规定范围内。预冷设施温度控制在0℃～4℃；分割车间温度控制在12℃以下；冻结间温度控制在−28℃以下；冷藏储存库温度控制在−18℃以下。

4.3.2 有温度要求的工序或场所应安装温度显示装置，并对温度进行监控，必要时配备湿度计。温度计和湿度计应定期校准。

5 设施与设备

5.1 供水要求

5.1.1 屠宰与分割车间生产用水应符合 GB 5749 的要求，企业应对用水质量进行控制。

5.1.2 屠宰与分割车间根据生产工艺流程的需要，应在用水位置分别设置冷、热水管。清洗用热水温度不宜低于40℃，消毒用热水温度不应低于82℃。

5.1.3 急宰间及无害化处理间应设有冷、热水管。

5.1.4 加工用水的管道应有防虹吸或防回流装置，供水管网上的出水口不应直接插入污水液面。

5.2 排水要求

5.2.1 屠宰与分割车间地面不应积水，车间内排水流向应从清洁区流向非清洁区。

5.2.2 应在明沟排水口处设置不易腐蚀材质格栅，并有防鼠、防臭的设施。

5.2.3 生产废水应集中处理，排放应符合国家有关规定。

5.3　清洁消毒设施

5.3.1　更衣室、洗手和卫生间清洁消毒设施

5.3.1.1　应在车间入口处、卫生间及车间内适当的地点设置与生产能力相适应的，配有适宜温度的洗手设施及消毒、干手设施。洗手设施应采用非手动式开关，排水应直接接入下水管道。

5.3.1.2　应设有与生产能力相适应并与车间相接的更衣室、卫生间、淋浴间，其设施和布局不应对产品造成潜在的污染风险。

5.3.1.3　不同清洁程度要求的区域应设有单独的更衣室，个人衣物与工作服应分开存放。

5.3.1.4　淋浴间、卫生间的结构、设施与内部材质应易于保持清洁消毒。卫生间内应设置排气通风设施和防蝇防虫设施，保持清洁卫生。卫生间不得与屠宰加工、包装或储存等区域直接连通。卫生间的门应能自动关闭，门、窗不应直接开向车间。

5.3.2　厂区、车间清洗消毒设施

5.3.2.1　厂区运输畜禽车辆出入口处应设置与门同宽，长 4 m、深 0.3 m 以上的消毒池；生产车间入口及车间内必要处，应设置换鞋（穿戴鞋套）设施或工作鞋靴消毒设施，其规格尺寸应能满足消毒需要。

5.3.2.2　隔离间、无害化处理车间的门口应设车轮、鞋靴消毒设施。

5.4　设备和器具

5.4.1　应配备与生产能力相适应的生产设备，并按工艺流程有序排列，避免引起交叉污染。

5.4.2　接触肉类的设备、器具和容器，应使用无毒、无味、不吸水、耐腐蚀、不易变形、不易脱落、可反复清洗与消毒的材料制作，在正常生产条件下不会与肉类、清洁剂和消毒剂发生反应，并应保持完好无损；不应使用竹木工（器）具和容器。

5.4.3　加工设备的安装位置应便于维护和清洗消毒，防止加工过程中交叉污染。

5.4.4　废弃物容器应选用金属或其他不渗水的材料制作。盛装废弃物的容器与盛装肉类的容器不得混用。不同用途的容器应有明显的标志或颜色差异。

5.4.5　在畜禽屠宰、检验过程使用的某些器具、设备，如宰杀、去角设备、检验刀具、开胸和开片刀锯、检疫检验盛放内脏的托盘等，每次使用后，应使用 82℃以上的热水进行清洗消毒。

5.4.6　根据生产需要，应对车间设施、设备及时进行清洗消毒。生产过程中，应对器具、操作台和接触食品的加工表面定期进行清洗消毒，清洗

消毒时应采取适当措施防止对产品造成污染。

5.5 通风设施

5.5.1 车间内应有良好的通风、排气装置，及时排除污染的空气和水蒸气。空气流动的方向应从清洁区流向非清洁区。

5.5.2 通风口应装有纱网或其他保护性的耐腐蚀材料制作的网罩，防止虫害侵入。纱网或网罩应便于装卸、清洗、维修或更换。

5.6 照明设施

5.6.1 车间内应有适宜的自然光线或人工照明。照明灯具的光泽不应改变加工物的本色，亮度应能满足检疫检验人员和生产操作人员的工作需要。

5.6.2 在暴露肉类的上方安装的灯具，应使用安全型照明设施或采取防护设施，以防灯具破碎而污染肉类。

5.7 仓储设施

5.7.1 储存库的温度应符合被储存产品的特定要求。

5.7.2 储存库内应保持清洁、整齐、通风。有防霉、防鼠、防虫设施。

5.7.3 应对冷藏储存库的温度进行监控，必要时配备湿度计；温度计和湿度计应定期校准。

5.8 废弃物存放与无害化处理设施

5.8.1 应在远离车间的适当地点设置废弃物临时存放设施，其设施应采用便于清洗、消毒的材料制作；结构应严密，能防止虫害进入，并能避免废弃物污染厂区和道路或感染操作人员。车间内存放废弃物的设施和容器应有清晰、明显标识。

5.8.2 无害化处理的设备配置应符合国家相关法律法规、标准和规程的要求，满足无害化处理的需要。

6 检疫检验

6.1 基本要求

6.1.1 企业应具有与生产能力相适应的检验部门。应具备检验所需要的检测方法和相关标准资料，并建立完整的内部管理制度，以确保检验结果的准确性；检验要有原始记录。实验（化验）室应配备满足检验需要的设施设备。委托社会检验机构承担检测工作的，该检验机构应具有相应的资质。委托检测应满足企业日常检验工作的需要。

6.1.2 产品加工、检验和维护食品安全控制体系运行所需要的计量仪器、设施设备应按规定进行计量检定，使用前应进行校准。

6.2　宰前检查

6.2.1　供宰畜禽应附有动物检疫证明，并佩戴符合要求的畜禽标识。

6.2.2　供宰畜禽应按国家相关法律法规、标准和规程进行宰前检查。应按照有关程序，对入场畜禽进行临床健康检查，观察活畜禽的外表，如畜禽的行为、体态、身体状况、体表、排泄物及气味等。对有异常情况的畜禽应隔离观察，测量体温，并做进一步检查。必要时，按照要求抽样进行实验室检测。

6.2.3　对判定为不适宜正常屠宰的畜禽，应按照有关规定处理。

6.2.4　畜禽临宰前应停食静养。

6.2.5　应将宰前检查的信息及时反馈给饲养场和宰后检查人员，并做好宰前检查记录。

6.3　宰后检查

6.3.1　宰后对畜禽头部、蹄（爪）、胴体和内脏（体腔）的检查应按照国家相关法律法规、标准和规程执行。

6.3.2　在畜类屠宰车间的适当位置应设有专门的可疑病害胴体的留置轨道，用于对可疑病害胴体的进一步检验和判断。应设立独立低温空间或区域，用于暂存可疑病害胴体或组织。

6.3.3　车间内应留有足够的空间以便于实施宰后检查。

6.3.4　猪的屠宰间应设有旋毛虫检验室，并备有检验设施。

6.3.5　按照国家规定需进行实验室检测的，应进行实验室抽样检测。

6.3.6　应利用宰前和宰后检查信息，综合判定检疫检验结果。

6.3.7　判定废弃的应做明晰标记并处理，防止与其他肉类混淆，造成交叉污染。

6.3.8　为确保能充分完成宰后检查或其他紧急情况，官方兽医有权减慢或停止屠宰加工。

6.4　无害化处理

6.4.1　经检疫检验发现的患有传染性疾病、寄生虫病、中毒性疾病或有害物质残留的畜禽及其组织，应使用专门的封闭不漏水的容器并用专用车辆及时运送，并在官方兽医监督下进行无害化处理。对于患有可疑疫病的应按照有关检疫检验规程操作，确认后应进行无害化处理。

6.4.2　其他经判定需无害化处理的畜禽及其组织应在官方兽医的监督下，进行无害化处理。

6.4.3　企业应制定相应的防护措施，防止无害化处理过程中造成的人员危害，以及产品交叉污染和环境污染。

7　屠宰和加工的卫生控制

7.1　企业应执行政府主管部门制定的残留物质监控、非法添加物和病原微生物监控规定，并在此基础上制定本企业的所有肉类的残留物质监控计划、非法添加物和病原微生物监控计划。

7.2　应在适当位置设置检查岗位，检查胴体及产品卫生情况。

7.3　应采取适当措施，避免可疑病害畜禽胴体、组织、体液（如胆汁、尿液、奶汁等）、肠胃内容物污染其他肉类、设备和场地。已经污染的设备和场地应进行清洗和消毒后，方可重新屠宰加工正常畜禽。

7.4　被脓液、渗出物、病理组织、体液、胃肠内容物等污染物污染的胴体或产品，应按有关规定修整、剔除或废弃。

7.5　加工过程中使用的器具（如盛放产品的容器、清洗用的水管等）不应落地或与不清洁的表面接触，避免对产品造成交叉污染；当产品落地时，应采取适当措施消除污染。

7.6　按照工艺要求，屠宰后胴体和食用副产品需要进行预冷的，应立即预冷。冷却后，畜肉的中心温度应保持在7℃以下，禽肉中心温度应保持在4℃以下，内脏产品中心温度应保持在3℃以下。加工、分割、去骨等操作应尽可能迅速。生产冷冻产品时，应在48 h内使肉的中心温度达到−15℃以下后方可进入冷藏储存库。

7.7　屠宰间面积充足，应保证操作符合要求。不应在同一屠宰间，同时屠宰不同种类的畜禽。

7.8　对有毒有害物品的储存和使用应严格管理，确保厂区、车间和化验室使用的洗涤剂、消毒剂、杀虫剂、燃油、润滑油、化学试剂以及其他在加工过程中必须使用的有毒有害物品得到有效控制，避免对肉类造成污染。

8　包装、储存与运输

8.1　包装

8.1.1　应符合GB 14881—2013中8.5的规定。

8.1.2　包装材料应符合相关标准，不应含有有毒有害物质，不应改变肉的感官特性。

8.1.3　肉类的包装材料不应重复使用，除非是用易清洗、耐腐蚀的材料制成，并且在使用前经过清洗和消毒。

8.1.4　内、外包装材料应分别存放，包装材料库应保持干燥、通风和清洁卫生。

8.1.5 产品包装间的温度应符合产品特定的要求。

8.2 储存和运输

8.2.1 应符合 GB 14881—2013 中第 10 章的相关规定。

8.2.2 储存库内成品与墙壁应有适宜的距离，不应直接接触地面，与天花板保持一定的距离，应按不同种类、批次分垛存放，并加以标识。

8.2.3 储存库内不应存放有碍卫生的物品，同一库内不应存放可能造成相互污染或者串味的产品。储存库应定期消毒。

8.2.4 冷藏储存库应定期除霜。

8.2.5 肉类运输应使用专用的运输工具，不应运输畜禽、应无害化处理的畜禽产品或其他可能污染肉类的物品。

8.2.6 包装肉与裸装肉避免同车运输，如无法避免，应采取物理性隔离防护措施。

8.2.7 运输工具应根据产品特点配备制冷、保温等设施。运输过程中应保持适宜的温度。

8.2.8 运输工具应及时清洗消毒，保持清洁卫生。

9 产品追溯与召回管理

9.1 产品追溯

应建立完善的可追溯体系，确保肉类及其产品存在不可接受的食品安全风险时，能进行追溯。

9.2 产品召回

9.2.1 畜禽屠宰加工企业应根据相关法律法规建立产品召回制度，当发现出厂产品属于不安全食品时，应进行召回，并报告官方兽医。

9.2.2 对召回后产品的处理，应符合 GB 14881—2013 中第 11 章的相关规定。

10 人员要求

10.1 应符合国家相关法规要求。

10.2 从事肉类直接接触包装或未包装的肉类、肉类设备和器具、肉类接触面的操作人员，应经体检合格，取得所在区域医疗机构出具的健康证后方可上岗，每年应进行一次健康检查，必要时做临时健康检查。凡患有影响食品安全的疾病者，应调离食品生产岗位。

10.3 从事肉类生产加工、检疫检验和管理的人员应保持个人清洁，不应将与生产无关的物品带入车间；工作时不应戴首饰、手表，不应化妆；进入车间时应洗手、消毒并穿着工作服、帽、鞋，离开车间时应将其换下。

10.4　不同卫生要求的区域或岗位的人员应穿戴不同颜色或标志的工作服、帽。不同加工区域的人员不应串岗。

10.5　企业应配备相应数量的检疫检验人员。从事屠宰、分割、加工、检验和卫生控制的人员应经过专业培训并经考核合格后方可上岗。

11　卫生管理

11.1　管理体系

11.1.1　企业应当建立并实施以危害分析和预防控制措施为核心的食品安全控制体系。

11.1.2　鼓励企业建立并实施危害分析与关键控制点（HACCP）体系。

11.1.3　企业最高管理者应明确企业的卫生质量方针和目标，配备相应的组织机构，提供足够的资源，确保食品安全控制体系的有效实施。

11.2　卫生管理要求

11.2.1　企业应制定书面的卫生管理要求，明确执行人的职责，确定执行频率，实施有效的监控和相应的纠正预防措施。

11.2.2　直接或间接接触肉类（包括原料、半成品、成品）的水和冰应符合卫生要求。

11.2.3　接触肉类的器具、手套和内外包装材料等应保持清洁、卫生和安全。

11.2.4　人员卫生、员工操作和设施的设计应确保肉类免受交叉污染。

11.2.5　供操作人员洗手消毒的设施和卫生间设施应保持清洁并定期维护。

11.2.6　应防止化学、物理和生物等污染物对肉类、肉类包装材料和肉类接触面造成污染。

11.2.7　应正确标注、存放和使用各类有毒化学物质。

11.2.8　应防止因员工健康状况不佳对肉类、肉类包装材料和肉类接触面造成污染。

11.2.9　应预防和消除鼠害、虫害和鸟类危害。

12　记录和文件管理

12.1　应建立记录制度并有效实施，包括畜禽入场验收、宰前检查、宰后检查、无害化处理、消毒、储存等环节，以及屠宰加工设备、设施、运输车辆和器具的维护记录。记录内容应完整、真实，确保对产品从畜禽进厂到产品出厂的所有环节都可进行有效追溯。

12.2　企业应记录召回的产品名称、批次、规格、数量、发生召回的原因、后续整改方案及召回处理情况等内容。

12.3 企业应做好人员入职、培训等记录。

12.4 对反映产品卫生质量情况的有关记录，企业应制定并执行质量记录管理程序，对质量记录的标记、收集、编目、归档、存储、保管和处理做出相应规定。

12.5 所有记录应准确、规范并具有可追溯性，保存期限不得少于肉类保质期满后6个月，没有明确保质期的，保存期限不得少于2年。

12.6 企业应建立食品安全控制体系所要求的程序文件。

附录 3

鸡屠宰工艺流程图

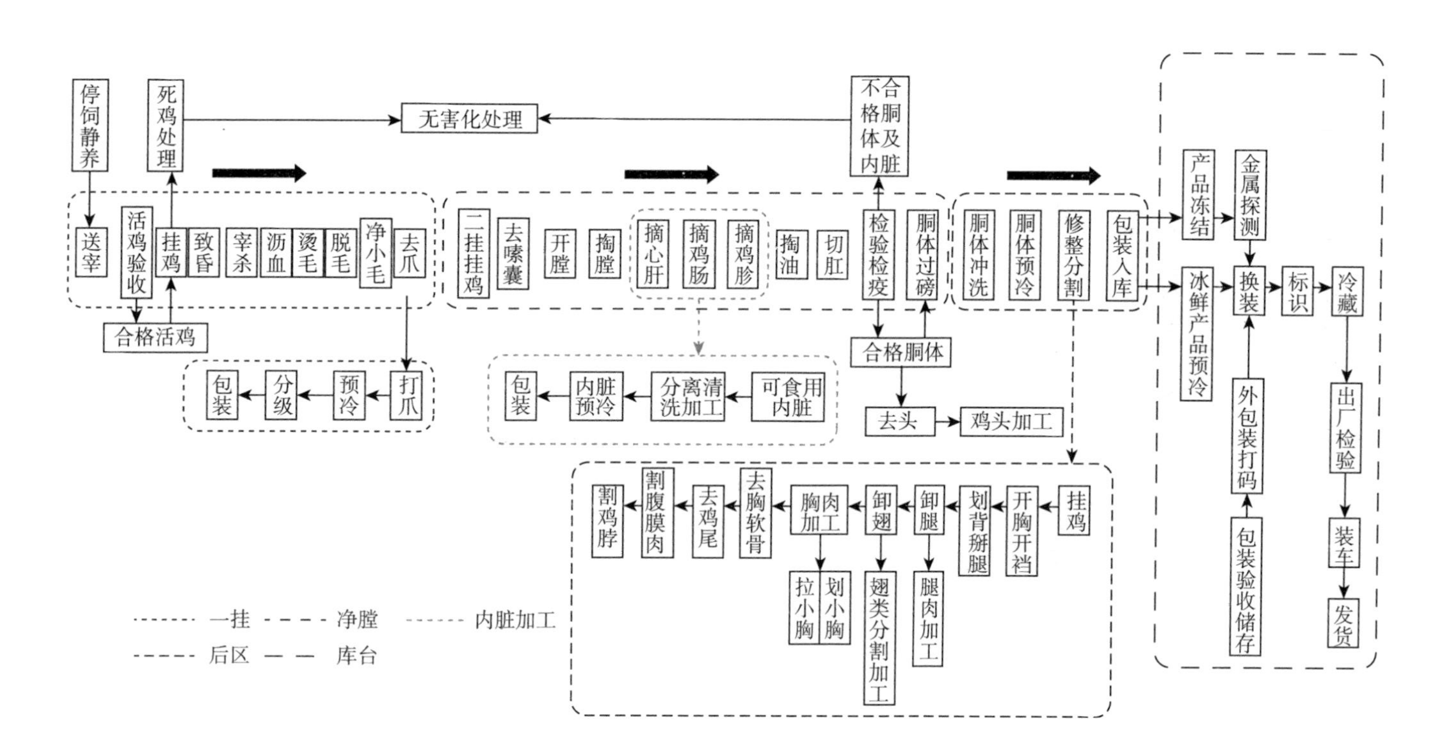

主要参考文献

李世成，汪多湘，孙红闯，2006. 基于家禽屠宰研讨肉鸡屠宰全过程机械化［C］//中国农业机械学会 2006 年学术年会论文集.

瞿丞，贺稚非，李少博，等，2019. 我国肉鸡生产加工现状与发展趋势［J］. 食品与发酵工业，45（8）：258-266.

徐幸莲，王虎虎，2010. 我国肉鸡加工业科技现状及发展趋势分析［J］. 食品科学，31（7）：1-5.

彩图1　挂鸡

彩图2　电致昏

彩图3　人工宰杀

彩图4　沥血

彩图5　浸烫

彩图6　脱毛

彩图7　去头

彩图8　去爪

彩图9　去嗉囊

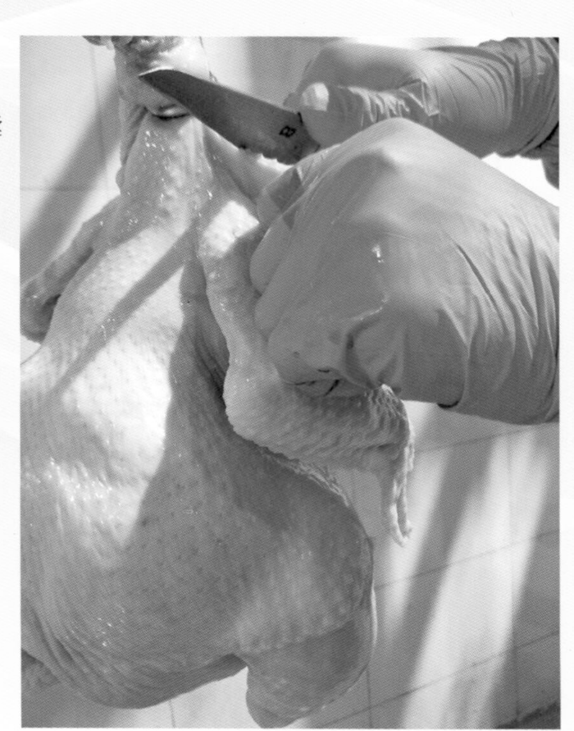

彩图10　机械切肛

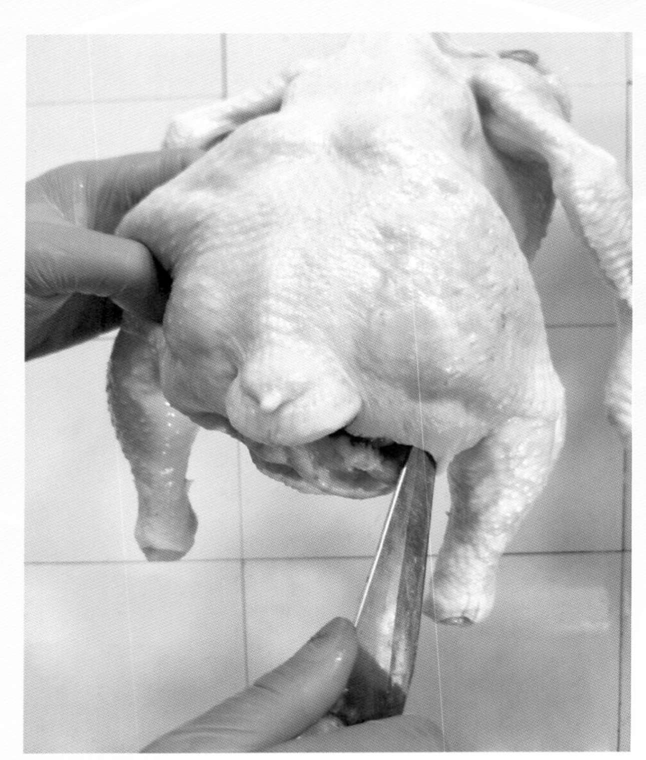

彩图11　开膛

彩图12　机械掏膛

彩图13　体表检查

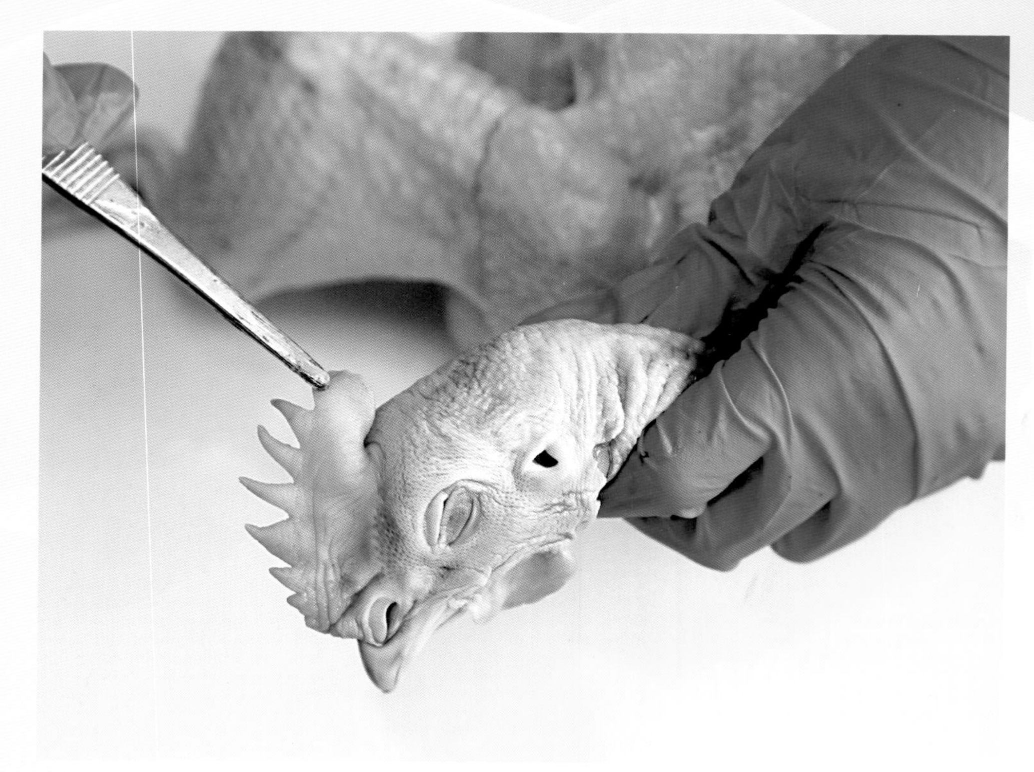

彩图14　鸡冠检查（示例）

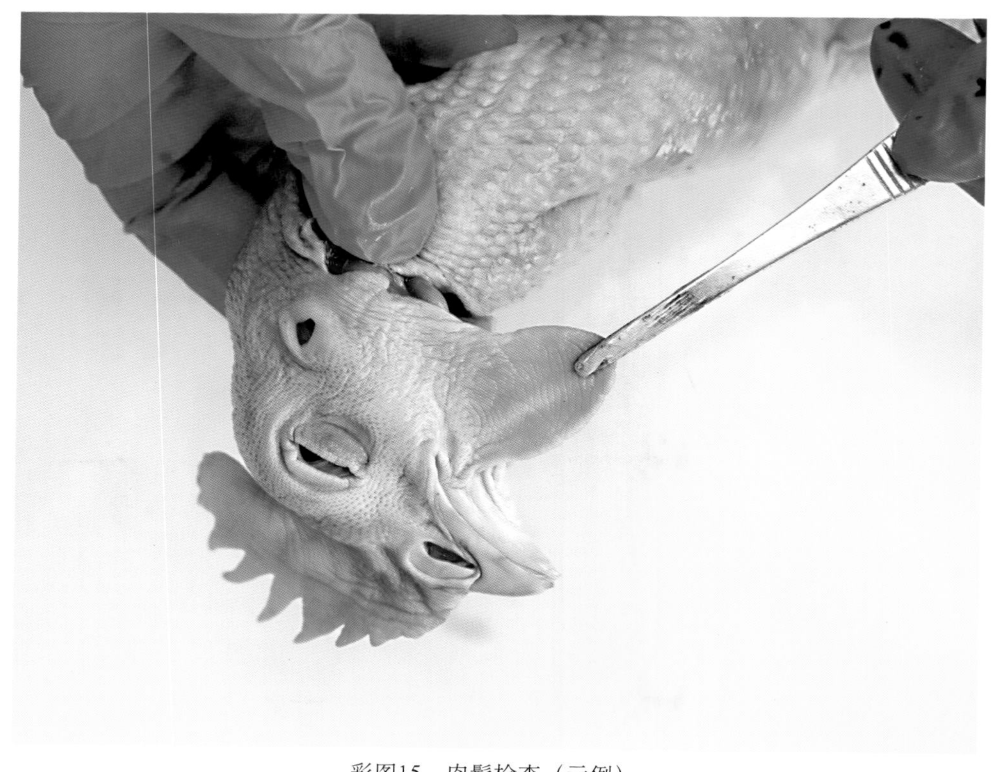

彩图15　肉髯检查（示例）

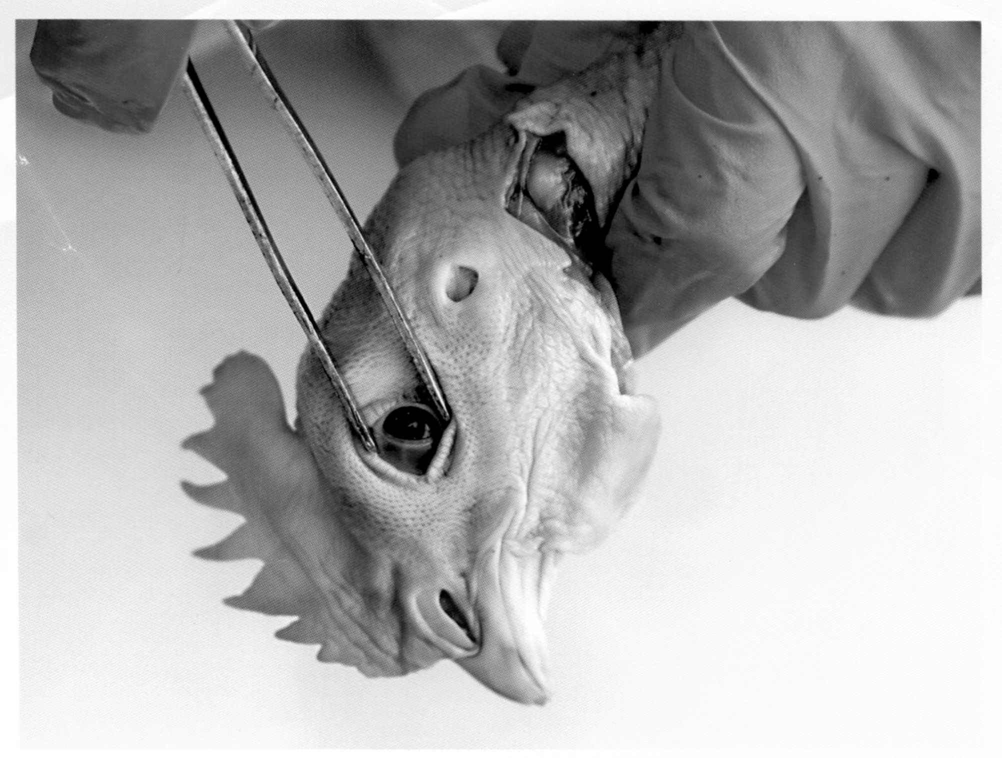

彩图16　眼部检查（示例）

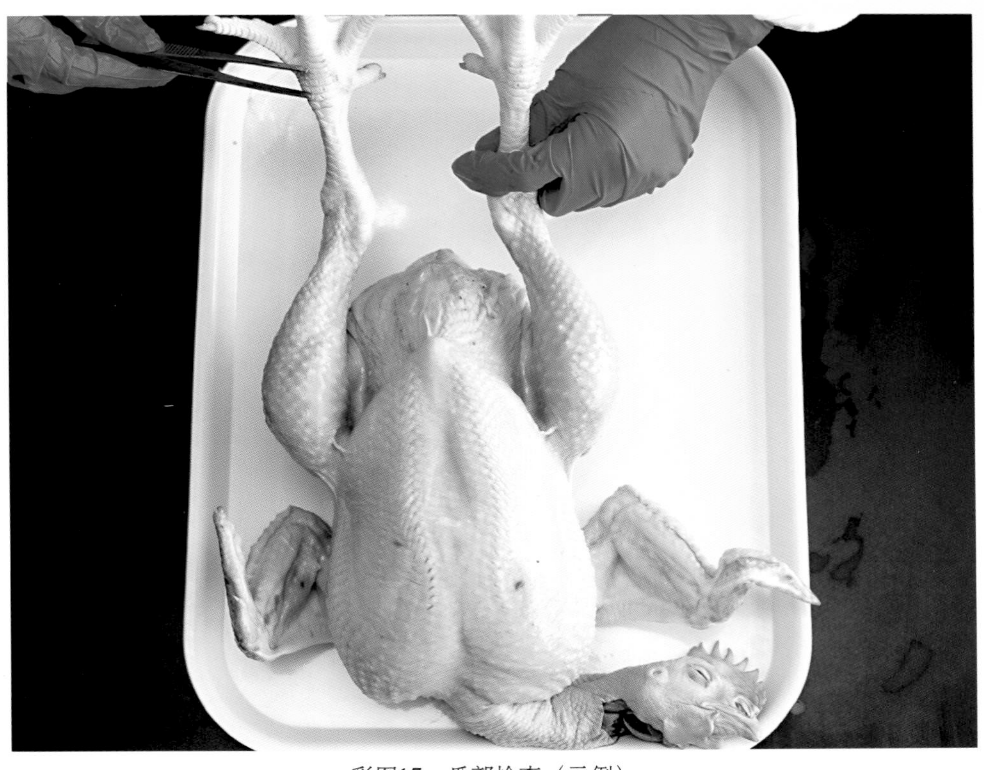

彩图17　爪部检查（示例）

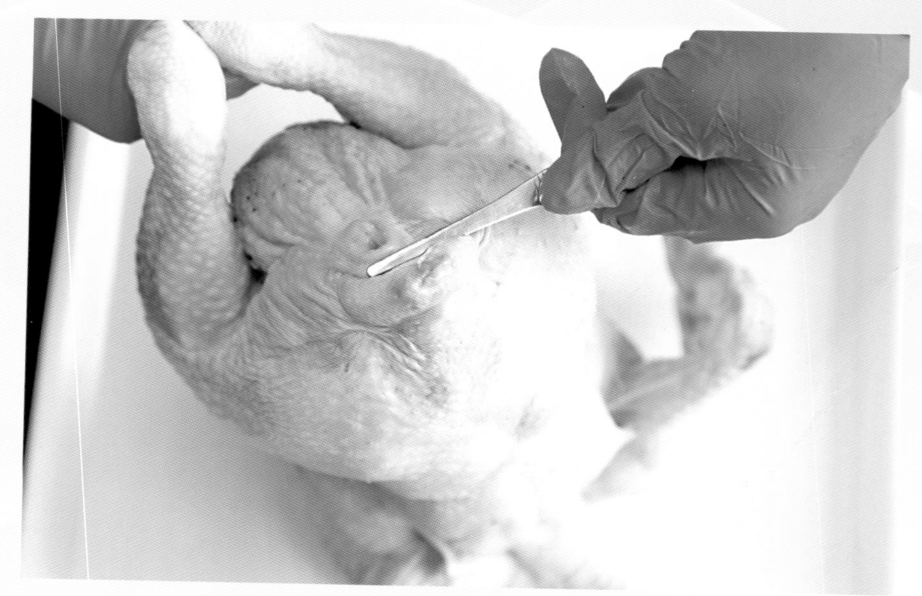

彩图18　肛门检查（示例）

彩图19　体腔检查

彩图20　内脏检查

彩图21　复验